須崎忠助植物画集
「大雪山植物其他」

須崎忠助 ※画
加藤克・高橋英樹・中村剛・早川尚 ※解説

北海道大学出版会

Botanical illustrations by Chusuke Suzaki: plants from Mt. Taisetsu and other areas
ⓒ2016 by Masaru KATO, Hideki TAKAHASHI, Koh NAKAMURA and Sho HAYAKAWA
All rights reserved. No part of this publication may be reproduced or transmitted in any form or by any means, electronic of mechanical, including photocopy, recording, or any information storage and retrieval system, without permission in writing from the publisher.

目　　次

本書をより楽しく読むために　iii

須崎忠助画「大雪山植物其他」　1

ミヤマアケボノソウ 1/ フタナミソウ 2/ ヨコヤマリンドウ 3/ エゾオヤマリンドウ 3/ ミネズオウ 4/ キバナノコマノツメ 4/ チシマアマナ 4/ タカネグンバイ 4/ エゾカラマツ 5/ ミヤマキンバイ 6/ モイワナズナ 6/ ミヤマキンバイ 7/ ヒダカイワザクラ 8/ ヒダカイワザクラ 9/ ナンブイヌナズナ 10/ ワサビ 10/ ツリシュスラン 11/ サマニユキワリ 12/ ヒメハナワラビ 12/ シソバキスミレ 13/ ヤマハナソウ 14/ レブンアツモリソウ 14/ チシマクモマグサ 15/ クモマユキノシタ（ヒメヤマハナソウ）15/ リシリソウ 16/ ユウバリソウ 17/ レンプクソウ 18/ ハナタネツケバナ 19/「エゾリンドウ」20/ チャボゼキショウ（アポイゼキショウ）21/ チシマコゴメグサ 22/ チョウノスケソウ 23/ リシリゲンゲ 23/ シコタンハコベ 24/ イワブクロ（タルマイソウ）24/ ホザキイチヨウラン 25/ ヒダカソウ 26/ クロユリ 27/ ウラジロタデ 28/ サルメンエビネ 29/ エゾミヤマクワガタ 30/「ミヤマキンバイ」30/ レブンコザクラ 30/ ジムカデ 30/ アライトヨモギ 31/ ヒダカイワザクラ 32/ ヨツバシオガマ 33/ ツリガネニンジン 33/ タカネナデシコ 34/ タカネナデシコ 35/ チングルマ 36/ ミツバオウレン 36/ イワウメ 36/ ユウバリツガザクラ 37/ ウメバチソウ 37/ キクバクワガタ 38/ エゾウスユキソウ 38/ ハハコヨモギ 39/ ミヤマタニタデ 40/ エゾタカネツメクサ 40/ ヤエミヤマキンポウゲ 41/ カラフトマンテマ（チシママンテマ）41/ イワツツジ 42/ ヒメイズイ 42/ ゴゼンタチバナ 43/ アライトヒナゲシ 44/ ホソバウルップソウ 45/ オオサクラソウ 46/ エゾオオサクラソウ 47/ リシリヒナゲシ 48/ チシマイワブキ 48/ チシマギキョウ 49/ ホテイアツモリソウ 49/ レブンソウ 50/ ミヤマホツツジ 51/ チシマゼキショウ 52/ チシマノキンバイソウ 52/ イワギキョウ 53/ レブンサイコ 53/ コメツツジ 54/ ミヤマキンポウゲ 54/ ホソバイワベンケイ 54/ ホソバイワベンケイ 55/ コケモモ 56/ チシマキンレイカ 56/ ムカゴトラノオ 57/ シロウマアサツキ 57/ エゾツツジ 58/ ナガバツガザクラ 58/ キバナシャクナゲ 59/ ヒメシャクナゲ 59/ エゾノツガザクラ 59

須崎忠助の略歴と「大雪山植物其他」が描かれた時代背景　61

はじめに 61/ 須崎忠助について 61/「大雪山植物其他」について 63/「大雪山植物其他」の素材 66/ 付表 68

「大雪山植物其他」に描かれた植物の解説　83

エゾミヤマクワガタ（エゾミヤマトラノオ）83/「ミヤマキンバイ」83/ レブンコザクラ 83/ ジムカデ 83/ フタナミソウ 83/ ヨツバシオガマ 84/ ツリガネニンジン 84/ ミネズオウ 84/ キバナノコマノツメ 84/ チシマアマナ 84/ タカネグンバイ 84/ タカネナデシコ 85/ ミヤマキンバイ 85/ モイワナズナ 85/ ヤマハナソウ 85/ レブンアツモリソウ 85/ カラフトマンテマ（チシママンテマ）85/ ヤエミヤマキンポ

ウゲ 86/ レブンソウ 86/ ヒメイズイ 86/ イワツツジ 86/ ホザキイチヨウラン 86/ チシマクモマグサ 87/ クモマユキノシタ（ヒメヤマハナソウ）87/ コケモモ 87/ チシマキンレイカ（タカネオミナエシ）87/ ムカゴトラノオ 87/ シロウマアサツキ 87/ エゾカラマツ 88/ エゾツツジ 88/ ナガバツガザクラ 88/ ヨコヤマリンドウ 88/ エゾオヤマリンドウ 88/ チングルマ 89/ ミツバオウレン 89/ イワウメ 89/ ミヤマホツツジ 89/ コメツツジ 89/ ミヤマキンポウゲ 89/ ホソバイワベンケイ 90/ チシマゼキショウ 90/ チシマノキンバイソウ 90/ キクバクワガタ 90/ エゾウスユキソウ 90/ ヒメハナワラビ 90/ サマニユキワリ 91/ イワギキョウ 91/ レブンサイコ 91/ シコタンハコベ 91/ イワブクロ（タルマイソウ）91/ リシリヒナゲシ 91/ チシマイワブキ 92/ エゾタカネツメクサ 92/ ミヤマタニタデ 92/ ユウバリソウ 92/ ウメバチソウ 92/ ユウバリツガザクラ 93/ ワサビ 93/ ナンブイヌナズナ 93/ ヒダカイワザクラ 93/ ヒダカソウ 93/ ホソバウルップソウ 94/ オオサクラソウ 94/ エゾオオサクラソウ 94/ アライトヨモギ 94/ ホソバイワベンケイ 94/ チャボゼキショウ（アポイゼキショウ）94/ チシマコゴメグサ 95/ シソバキスミレ 95/ ハハコヨモギ 95/ ハナタネツケバナ 95/ ツリシュスラン 95/ レンプクソウ 95/ チョウノスケソウ 96/ リシリゲンゲ 96/ サルメンエビネ 96/ クロユリ 96/ ミヤマアケボノソウ 96/ リシリソウ 97/「エゾリンドウ」97/ ウラジロタデ 97/ ゴゼンタチバナ 97/ タカネナデシコ 97/ アライトヒナゲシ 97/ ミヤマキンバイ 98/ キバナシャクナゲ 98/ ヒメシャクナゲ 98/ エゾノツガザクラ 98/ チシマギキョウ 98/ ホテイアツモリソウ 98

現代の視点からみた須崎忠助氏の植物画技法　99

同時代の海外図譜との比較 99/ 現在の描画手法との比較 99

おわりに　101
和名索引　103

本書をより楽しく読むために

1. 本書は，須崎忠助氏の植物画をカラーで収録した図版編と，その解説である解説編から構成されています。
2. 図版編は，須崎忠助氏の植物画をカラーで掲載し，簡単な解説を植物画の下に入れました。①植物画の配列は，付表にある図と植物のID番号順ではなく，読者がより楽しんでいただけるであろう順番としました。②簡単な解説では，採集日あるいは作画日・産地・採集者は須崎忠助の書き込みのままとしました。したがって書き方に不統一があります。なお産地の（　）内のコメントは高橋が補足しました。文末にある番号は，付表にある図と植物のID番号です。付表を参照する際にご利用下さい。③「　」で囲んだ植物名は，植物画からは同定が困難であり，暫定的なものです。
3. 解説編は，①須崎忠助の略歴と「大雪山植物其他」が描かれた時代背景について，②植物の形態・生態・分布などについて，③現在の視点からみた須崎忠助の画家としての技法について，解説しました。
①略歴と時代背景は，須崎忠助の略歴がまとめられている『北海道主要樹木圖譜』復刻版の記述を基にしつつ，従来触れられていなかった史料を利用して解説しました。付表は，以下の項目に分けて整理しました。「図ID」は，1枚の植物図を示す番号で，図版編のID番号と対応しています。「植物ID」は，1枚の図に描かれた複数の植物を個別に示すために与えた通し番号です。「高橋の同定による種名・学名」は，図に描かれた植物を現在の分類学に基づいて高橋が同定した結果を示しています。「漢数字」，「アラビア数字」は，1枚の植物図および各植物図に記述されている番号を記載しています。「記載種名」は，図に記載された植物の名称のみを抽出して記載しています。「作画日」は，図に記載されている日付を抽出したものです。日付に「成」や「了」などの記載があるために作画日と判断していますが，図によっては植物の採集日を示している可能性もあり，厳密なものではありません。「植物図記載」は，各植物図の脇に記された記述を極力そのままの形で転記したもので，「記載種名」および「作画日」の記載も含まれています。なお，植物図に記された情報は，図を描いた須崎忠助によるものと，その図に対して形態や色の修正を指摘した記載や学名の記載など，明らかに須崎とは別の人物が記したと見られるものが混在しています。後者については「追加記載」の項目に分けて示しました。図の配列は，漢数字とアラビア数字のある図を先に掲載し，その順に配置しています。数字のない図については，作画日の順に配列し，最後に年次のない図，作画日の記載のないものをまとめています。ただし，1枚の植物図に複数の植物図が描かれている場合など，上記の配列基準に即していない場合もあります。
②形態などの解説は，配列順は付表の順番に従いました。図版編の植物画の順番とは異なります。初めの数字は，付表にある図と植物のID番号です。

ミヤマアケボノソウ（リンドウ科）　高山の湿った草原や岩地に生える高さ10〜30 cmの多年草。5枚の花冠裂片は披針形で尾状に尖り，暗紫色の脈や細点がある。本植物画では花冠裂片基部にある2個の密腺溝が明瞭に描かれている。ただ5本の雄しべが，がく片の位置と重なっているため少々わかりにくい。7月16日。夕張岳。ID50-80

フタナミソウ（キク科） 岩礫地や草原に生える高さ4〜17 cmの多年草。根出葉は長さ4〜8 cmで全体広倒披針形〜狭倒卵形，光沢と厚みがある。黄色い頭状花を1個つけ，径4.5〜5.5 cmで舌状花のみ，総苞片は4列。礼文島の固有種で和名は産地名より。6月15〜17日。礼文二並山産。柳沢氏所有。ID2-5

【上】ヨコヤマリンドウ（リンドウ科）　高山の岩礫地などに生える高さ5〜10 cmの多年草。花冠は暗紫色とされるが，本植物画の花色はやや合わない。8月6日。旭岳産。原氏採集。ID17-32

【下】エゾオヤマリンドウ（リンドウ科）　高さ10〜40 cmと変異の大きい多年草。花が茎頂のみにつく。7月27日。産地：羊蹄山。ID17-33

【左上】ミネズオウ（ツツジ科）　地上を這う常緑の小低木。5月8日。旭岳頂上。ID4-8

【右上】キバナノコマノツメ（スミレ科）　高さ5〜20cmの多年草。5月24日。旭岳。ID4-9

【左下】チシマアマナ（ユリ科）　花茎の高さ7〜15cmの多年草。5月15日。礼文島。ID4-10

【右下】タカネグンバイ（アブラナ科）　高さ8〜20cmになる多年草。5月5日。利尻産。ID4-11

エゾカラマツ（キンポウゲ科）　開けた草原に生え茎の高さ50〜80cmになる多年草。茎生葉は2〜3回3出複葉。そう果は卵形でほとんど無柄。北海道．千島列島南部・サハリン・朝鮮半島北部に分布。6月8日。産地：レブン。ID15-29

【上】ミヤマキンバイ（バラ科）　高山帯の岩礫地や草原に生える高さ10〜20cmの多年草。本植物画は変種ユウバリキンバイほどには葉縁が切れ込んでいない。5月1日。夕張岳，旭。ID6-13

【下】モイワナズナ（アブラナ科）　高さ10〜30cmになる多年草。和名は札幌市藻岩にちなむ。5月1日。モイワ岳。ID6-14

ミヤマキンバイ（バラ科）　高山帯の岩礫地や草原に生える高さ 10〜20 cm の多年草。花弁の先はくぼむ。ID1-2（p. 30 右上）の「ミヤマキンバイ」の花弁の形と比較せよ。本州中部〜北海道，千島列島（中部以南）・サハリン（中部以南）に分布する。日づけなし。産地の記載なし。ID57-87

ヒダカイワザクラ（サクラソウ科）　花正面観の10倍拡大図とされる。5本の雄しべが花喉部にあり，スラム（thurum）の花型である。5月6日。産地の記載なし。ID33-62

ヒダカイワザクラ（サクラソウ科）　高さ5〜12 cmの花茎をもつ多年草。花冠は高杯形でピンク色，花喉部は黄白色。【右上】花の側面観。【左上】花の正面観。【下】花（スラム）の正面観。北海道日高山脈周辺にのみ分布する固有種。5月2日。日高産。ID32-61

【上】ナンブイヌナズナ（アブラナ科） 茎の高さ5〜10 cmになる多年草。本州北部（早池峰）・北海道（夕張岳・日高山系）に分布する固有種。5月23日。夕張岳産。ID30-59

【下】ワサビ（アブラナ科） 本植物図の記載文では別変種カラフトワサビとされるが，現在は特にワサビと分けられていない。5月4日。石田氏（産地の記載なし）。ID30-58

ツリシュスラン(ラン科) 林内の岩上や樹上に着生する多年草。葉は広披針形。九州〜北海道に分布し，葉が卵形になる北方型を品種ヒロハツリシュスランと呼ぶことがあるが，現在は特に分けられていない。8月12日。渡島尻岸内産。ID45-74

【上・右下】サマニユキワリ（サクラソウ科）　ユキワリコザクラ類の１地方変種。日づけなし。日高アポイ産。ID23-46

【左下】ヒメハナワラビ（ハナヤスリ科）　山地〜高山の岩場や草原に生える夏緑性のシダ類。栄養葉は卵形〜長卵形で円頭，単羽状で長さ 1.5〜6 cm，羽片は 3〜5 対ある。8 月 20 日。夕張。ID23-45

シソバキスミレ(スミレ科) 蛇紋岩崩壊地に生える高さ5〜10cmの多年草。オオバキスミレ類の1種で，オオバキスミレの変種とされたこともあるが，現在は独立種とされることが多い。葉は厚く深緑色で裏面は帯紫色。夕張山地の固有種。【上】果実期。【下】開花期。5月27日。産地の記載なし。ID42-71

【左上】ヤマハナソウ(ユキノシタ科) 多数の長円形〜卵形の根出葉は肉質で軟腺毛に覆われ特徴的。和名は札幌市山鼻より。6月5日。産地：夕張，札幌岳及び手稲。ID7-15

【右下】レブンアツモリソウ(ラン科) 高さ30〜40 cmで，広義のアツモリソウの礼文島固有変種。5月26日。利尻産(礼文島の誤記か利尻島の栽培株由来か)。ID7-16

【上】チシマクモマグサ（ユキノシタ科）　高山帯の湿った岩礫地に生える花茎の高さ3〜8cmの多年草。根出葉は倒卵形〜長楕円形でやや多肉質，縁に腺毛がある。8月7日。旭岳。ID12-23

【下】クモマユキノシタ（ヒメヤマハナソウ）（ユキノシタ科）　高山帯の湿った岩礫地に生える多年草。腺毛を密生した花茎は高さ5〜10(20)cm。8月11日。夕張岳。ID12-24

リシリソウ（シュロソウ科）　高山帯の草原に生える高さ 10〜25 cm の多年草。根出葉は線形で長さ 10〜20 cm。茎頂の円錐花序に白色花が 10 個内外つく。花披片は 6 枚で長楕円形，基部近くに黄緑色の大きな腺体がある。東北アジアに分布し，日本では利尻島・礼文島で見られる。7 月中旬。礼文産。ID51-81

ユウバリソウ（オオバコ科）　高山帯の蛇紋岩地に生える高さ10〜20 cmの多年草。全体無毛でやや多肉質。茎頂にピンク色をおびた白色花が多数，密に穂状花序を形成。花冠は2唇形で，上唇は3浅裂，下唇は2裂する。北海道夕張岳にのみ見られる固有種。5月29日。夕張産。ID28-55

レンプクソウ（レンプクソウ科）　林内や林縁に生える高さ8〜15 cmで全体やわらかい多年草。根出葉は2回3出複葉で、小葉は羽状に中裂。花は黄緑色で小型、無柄の5花が頭状に集まる。頂生花は花冠裂片が4で雄しべ8本。【左上】周辺花は花冠が5〜6裂で雄しべは10ないし12本。5月。産地の記載なし。ID46-75

ハナタネツケバナ（アブラナ科）　湿原の縁に生える北方系の多年草。花は淡紅色で径1〜1.5 cm。日本国内では戦後になって道東で見つかった。北半球の冷温帯〜亜寒帯に分布する。7月16日。占守島産（千島列島北部）。ID44-73

「エゾリンドウ」(リンドウ科) 茎葉全体や花のつき方はエゾリンドウを思わせるが，花はエゾリンドウとは一致せず，チシマリンドウ属のようにも見え，同定困難な植物画である。7月30日。産地の記載なし。ID52-82

チャボゼキショウ(アポイゼキショウ)(チシマゼキショウ科) チシマゼキショウの1変種。花茎は高さ6〜21cm, 花柄が長く, 葯が紫色をおびるもの。本州中部〜北海道に分布する。【右上】開花初期。【左下】開花後期。【左上】左は開花期の花, 右は雌しべの子房が膨らみ始めた花。6月9日。日高アポイ産。ID40-69

チシマコゴメグサ(ハマウツボ科) 日あたりよい草原に生える高さ 3〜15 cm の一年草。エゾコゴメグサによく似るが花が淡黄色である。日本国内では北海道知床半島に見られ，千島列島・カムチャツカ半島・アリューシャン列島・アラスカに分布する。6 月 10 日。アライト島南浦産（千島列島北部）。ID41-70

【上】チョウノスケソウ（バラ科）　高山帯の岩礫地に生える小低木で，茎はやや匍匐しマット状に広がる。種としては北半球の寒帯に広く分布する。5月27〜28日。大雪山，夕張産。ID47-76

【下】リシリゲンゲ（マメ科）　高山草原に生える高さ10〜15cmの多年草。葉は奇数羽状複葉で小葉は17〜23枚。花は黄白色。日づけなし。産地：夕張，レブン。ID47-77

【左上】シコタンハコベ（ナデシコ科）　岩石地や崖地に生える無毛の多年草。花弁は白色で2中裂する。7月15日。産地の記載なし。ID25-49
【右下】イワブクロ（タルマイソウ）（オオバコ科）地中の根茎がのびて大きな株をつくる多年草。葉は対生して肉質，卵状長楕円形。花冠は淡紅紫色で筒形，外面に長毛が生える。7月16日。産地：樽前，夕張，大雪山。ID25-50

ホザキイチヨウラン（ラン科）　地表近くに 1（〜 2）枚の葉をつけ，広卵形。花茎は高さ 15〜30 cm で，多数の小型の淡緑色花を密に総状につける。8 月 13 日。夕張岳。ID11-22

ヒダカソウ（キンポウゲ科）　本州北岳に特産するキタダケソウに似た高さ10 cm内外の多年草。根出葉は長柄があり，2回3出複葉。花は白色で茎頂に単生し，がく片5枚，花弁は6〜12枚。アポイ岳の固有種。5月6日。日高産。ID34-63

クロユリ(ユリ科)　高さ10〜50cmの多年草。3〜5輪生の茎生葉が数段つく。葉は披針形〜長楕円状披針形。茎頂に斜め下向きの暗紫褐色〜黒紫色の花を1〜7個つける。本植物画は丈が高い3倍体の低地型である。6月24日。産地の記載なし。ID49-79

ウラジロタデ(タデ科)　北地や高山の砂礫地に生える雌雄異株の多年草。高さ 30〜100 cm。葉は有柄で長卵〜卵形，基部は切形か広いくさび形。裏面に白い綿毛を密生。葉裏に白い綿毛がないものを変種オンタデという。8 月 3 日。産地の記載なし。ID53-83

サルメンエビネ（ラン科）　葉は3～4枚で倒卵状狭長楕円形。長さ15～25cm。花茎は高さ30～50cm。7～15花がまばらに総状につく。がく片, 側花弁ともに黄緑色で唇弁は紫褐色～朱紅褐色。和名は唇弁を猿面に見立てた。6月18日。平塚氏所蔵。産地の記載なし。ID48-78

【左上】エゾミヤマクワガタ（オオバコ科）　日づけなし。旭岳？。ID1-1

【右上】「ミヤマキンバイ」（バラ科）　図の花はむしろコキンバイに似る。日づけなし。旭岳。ID1-2

【左下】レブンコザクラ（サクラソウ科）　ユキワリコザクラ類の1変種。日づけなし。礼文。ID1-3

【右下】ジムカデ（ツツジ科）　地上を這う常緑の小低木。日づけなし。旭。ID1-4

アライトヨモギ(キク科)　火山砂礫地に生える多年草。茎下部の頭花には長い柄があるが，上部にいくにしたがって総状につく。ユーラシアから新大陸までの極地域や高山帯に広域分布する。北東アジアでは千島列島(南北)・サハリン(中部以北)・カムチャツカ半島に見られる。6月2日。アライト魚見岬産(千島列島北部アライト島)。ID38-67

ヒダカイワザクラ(サクラソウ科) 同種の植物図はID32-61(p. 9)にもある。本植物図では自生地である岩場をうまく表現している。5月25日(後年5月2日着色)。日高産。ID31-60

【右・左】ヨツバシオガマ（ハマウツボ科）　高山草原に生える茎の高さ10～35 cmの多年草。葉は4～6枚が輪生し，長楕円状披針形で羽状に全裂。6月20日。礼文産，夕張。ID3-6

【中2茎】ツリガネニンジン（キキョウ科）　山野に普通に見られる多年草だが全体の大きさや葉の形，花冠の色などに変異がある。日づけなし。産地の記載なし。ID3-7

タカネナデシコ(ナデシコ科) エゾカワラナデシコの高山型変種とされるもの。茎の高さ10〜30 cmの多年草で，がくはより短い傾向がある。花弁は紅色で舷部は深く切れ込む。日づけなし。産地の記載なし。ID55-85

タカネナデシコ（ナデシコ科）　エゾカワラナデシコの高山型変種とされるもの。茎の高さ10～30 cmの多年草。本州中部・北海道，中国東北部・朝鮮半島・ヨーロッパに分布する。本種の植物図はID55-85(p. 34)にもあり，そちらでは主に花に，本植物画では茎葉に，色を塗っている。7月14日。産地：夕張。ID5-12

【左上】チングルマ（バラ科）　高山帯の湿生のお花畑に群生する匍匐性の小低木。白色花。5月11日・6月5日。旭岳湿地産。ID18-34

【右上】ミツバオウレン（キンポウゲ科）　亜高山〜高山帯の針葉樹林下や湿原に生える多年草。白色花。5月12日。旭岳産。ID18-35

【下】イワウメ（イワウメ科）　高山に生える常緑小低木。5月13日。旭岳産。ID18-36

【上・中下】ユウバリツガザクラ（ツツジ科）　エゾノツガザクラとアオノツガザクラの雑種群の1型と思われ，ここではユウバリツガザクラと同定しておく。ID29-57

【右下・左下】ウメバチソウ（ニシキギ科）　日あたりのよい湿地に生える多年草。種としては北半球の温帯〜寒帯に広く分布する。6月12日。占守島産（千島列島北部）。ID29-56

【左上】キクバクワガタ（オオバコ科）　海岸〜高山の岩場や礫地に生える高さ 8〜20 cm の変化の大きい多年草。葉は長狭卵形で羽状に中〜深裂。6月 25 日。産地：夕張，旭，礼文。ID22-43

【右下】エゾウスユキソウ（キク科）　茎の高さ 13〜33 cm の多年草。全体に白い綿毛と星状の苞葉群。礼文島ではレブンウスユキソウの通俗名。6月 11 日。産地：礼文。ID22-44

郵便はがき

0608788

料金受取人払郵便

札幌中央局
承認
866

差出有効期間
H29年8月31日
まで

札幌市北区北九条西八丁目
北海道大学構内

北海道大学出版会 行

ご氏名 (ふりがな)		年齢 歳	男・女
ご住所	〒		
ご職業	①会社員 ②公務員 ③教職員 ④農林漁業 ⑤自営業 ⑥自由業 ⑦学生 ⑧主婦 ⑨無職 ⑩学校・団体・図書館施設 ⑪その他( )		
お買上書店名	市・町		書店
ご購読 新聞・雑誌名			

書 名

本書についてのご感想・ご意見

今後の企画についてのご意見

ご購入の動機
1 書店でみて　　　2 新刊案内をみて　　　3 友人知人の紹介
4 書評を読んで　　5 新聞広告をみて　　　6 DMをみて
7 ホームページをみて　　8 その他（　　　　　　　　　）

値段・装幀について
A　値　段（安　い　　　普　通　　　高　　い）
B　装　幀（良　い　　　普　通　　　良くない）

HPを開いております。ご利用下さい。http://www.hup.gr.jp

ハハコヨモギ（キク科）　北方の岩礫地に生える多年草。花茎は高さ7〜15 cm，幅4〜5 mmの頭花が茎先端に密散房状につく。本州中部，千島列島（中部以北）・サハリン（北部）・カムチャツカ半島・シベリア・アラスカに分布する。5月末日。産地の記載なし（おそらく千島列島アライト島由来）。ID43-72

【上】ミヤマタニタデ（アカバナ科）　湿った木陰に生える高さ5〜18 cmになる多年草。花弁は白色，倒卵形で2裂。果実は長倒卵形でかぎ状の刺毛がある。7月5日。産地：礼文，旭。ID27-54

【下】エゾタカネツメクサ（ナデシコ科）　高山帯の砂礫地に生える高さ3〜7 cmの多年草。葉は茎に密につき針形。花弁は長倒卵形で先がやや2裂する。7月1日。産地：利尻，旭。ID27-53

【左上】ヤエミヤマキンポウゲ（キンポウゲ科）　ミヤマキンポウゲの八重花品種。8月9日。夕張岳。ID8-18
【右下】カラフトマンテマ（チシママンテマ）（ナデシコ科）　山地や高原に生える高さ10〜50cmの多年草。葉は線状披針形だが長さ・幅とも大きく変化する。花弁は白色〜淡紅色で先は2中裂。7月28日。礼文産。ID8-17

【上】イワツツジ（ツツジ科）　高さ1〜4cmの草状の落葉性小低木。筒状鐘形の花冠をもつ花を1〜3個つけ、果実は鮮赤色で球形。8月2日。産地：夕張、旭、手稲。ID10-21

【下】ヒメイズイ（キジカクシ科）　高さ20〜50cmになる多年草。花冠は白緑色で液果は黒紫色に熟す。斑入りに見える葉は色重ね作業の途中か。6月17日。礼文産、夕張にも。ID10-20

ゴゼンタチバナ（ミズキ科） 亜高山帯の針葉樹林下などに生える常緑の多年草。茎は高さ5〜20cmになり，先端は6枚の葉が輪生するように見え，小さな頭状花序の基部に4枚の花弁状の白色の総苞片がある。石果は球形で赤色に熟す。日づけなし。日高アポイ産。ID54-84

アライトヒナゲシ（ケシ科）　火山砂礫上に生える草本で，短い根茎があり株状になる。根生葉は多数で，葉柄があり，葉身は羽状に分裂する。花弁は白色で基部が黄色。果実は縦長の楕円形。千島列島（中部以北）・カムチャツカ半島に分布。和名は千島列島北部のアライト島にちなむ。日づけなし。産地の記載なし。ID56-86

ホソバウルップソウ（オオバコ科）　茎の高さ15〜30 cmとなり茎頂に多数の青紫色花を密に穂状花序につける多年草。葉は肉質でややつやがあり狭卵〜長楕円形で縁に波状の鈍鋸歯がある。花の拡大図が詳細である。北海道大雪山のみに見られる固有種。5月15日。大雪山産。ID35-64

オオサクラソウ（サクラソウ科） 高さ 15〜40 cm の花茎をもつ多年草。根出葉には長い葉柄があり，葉身は円形で径 5〜12 cm，基部心形で掌状にやや深く 7〜9 裂して不揃いの歯牙がある。4〜8 花が 1〜2 段に輪生状につく。右上は雄しべが花筒部の奥の位置に引っ込んだピン（pin）の花の内部拡大図。本州中部〜北海道西南部に分布する。5月 27 日。函館。ID36-65

エゾオオサクラソウ（サクラソウ科）　基準変種オオサクラソウのうち，葉柄や花茎に長縮毛のあるもので，別変種とされる。北海道・朝鮮半島に分布する。おそらくID36-65（p. 46）のオオサクラソウとの比較で描かれたもので，花茎下部や根生葉が描き込まれていない。5月28日。日高産。
ID37-66

【左上】**リシリヒナゲシ**（ケシ科）　高山の火山砂礫上に生える多年草。チシマヒナゲシよりも花弁・果実がやや小さい傾向があるが，外部形態のみで両者を分けるのは難しい。果実はやや横長の楕円形。日づけなし。利尻，南千島。ID26-51

【右下】**チシマイワブキ**（ユキノシタ科）　高山の岩礫地に生える花茎の高さ5～25 cmの多年草。日づけなし。利尻。ID26-52

【右上】チシマギキョウ（キキョウ科）　茎は高さ5〜15 cmで茎頂に1花をつけ，イワギキョウに似る。違いはイワギキョウ（p. 53 上：ID24-47）の項目も参照。日づけなし。旭岳。ID59-91

【左下】ホテイアツモリソウ（ラン科）　茎の高さ20〜40 cmの多年草。紅紫色の大型の花が茎頂に1個つく。日づけなし。産地の記載なし。ID59-92

レブンソウ(マメ科) 全体に絹毛を密生する多年草で葉は奇数羽状複葉で8〜11対の小葉がある。花茎は高さ10〜20 cmで紅紫色花が総状に5〜15個つく。豆果には黄褐色の毛が密生。礼文島の固有種。7月25日。礼文産。ID9-19

ミヤマホツツジ（ツツジ科）　高さ 30〜50 cm の落葉小低木。葉は倒卵形で長さ 1〜5 cm，幅 0.7〜2 cm。枝先に 3〜20 花からなる総状花序をつける。花弁は 3 枚で反り返り，赤みのある緑白色。苞葉やがく片が葉状で目立つのがホツツジとのよい区別点。7 月 11 日。樽前産。ID19-37

【上】チシマゼキショウ（チシマゼキショウ科）　根出葉は線状鎌形で長さ3〜8 cm，花茎は高さ5〜15 cmの多年草。北半球の高山や寒冷地に広く分布する。6月12日。産地：夕張，旭。ID21-41

【下】チシマノキンバイソウ（キンポウゲ科）　高山帯のやや湿った草原に生える高さ20〜80 cmの多年草。北東アジアに分布。5月29日。産地：旭。ID21-42

【上】イワギキョウ（キキョウ科）　チシマギキョウに似るが葉やがく片の縁に歯牙があり，花冠裂片の縁に毛がない。7月21日。羊蹄山産。ID24-47

【下】レブンサイコ（セリ科）　高さ5〜15cmの多年草。根出葉はへら形，茎葉は広披針形で基部はなかば茎を抱く。葉脈が平行なのはよい特徴。7月10日。礼文産。ID24-48

【上】コメツツジ（ツツジ科）　半落葉性低木。7月4日。樽前山，札幌岳，手稲。ID20-38

【左下】ミヤマキンポウゲ（キンポウゲ科）　高山帯の草地に群生する多年草。5月28日。産地：夕張，旭，利尻，羊蹄山。ID20-39

【右下】ホソバイワベンケイ（ベンケイソウ科）　詳しい植物画はID39-68（p. 55）にある。6月3日。旭岳。ID20-40

ホソバイワベンケイ（ベンケイソウ科）　高山の風しょう岩礫地に生える多年草。雌雄異株。花茎は高さ7〜25 cmで茎生葉は無柄で倒披針形〜線状倒披針形。花は4数性。【右上・右下】果実期の雌花と雌株。【左上・左下】開花期の雄花と雄株。本州中部〜北海道に分布。6月7日・7月11日。産地の記載なし。ID39-68

【上】コケモモ（ツツジ科）　茎下部は地を這い，上部は斜上して高さ5〜15 cmになる常緑の小低木。北半球の寒帯に広域分布。【左中】果実期。6月11日。産地：夕張，旭其他本道各地。ID13-25

【下】チシマキンレイカ（スイカズラ科）　高さ7〜15 cmの多年草。対生葉は羽状中〜深裂。北海道，千島列島・サハリン・シベリア東部に分布。6月22日。産地：夕張，羊蹄山，旭岳，礼文。ID13-26

【左】ムカゴトラノオ（タデ科）　極地〜高山帯に生え，高さ5〜30 cmの直立した茎をもつ多年草。花序下部のむかごがよく描かれている。6月27日。産地：夕張，旭，利尻。ID14-27

【右】シロウマアサツキ（ヒガンバナ科）　基準変種エゾネギに較べると花披片がより小さく長さ6〜8 mmのもの。7月2日。産地：夕張。ID14-28

【上・右下】エゾツツジ（ツツジ科）　茎下部は地を這い，上部は斜上して高さ 10〜30 cm になる落葉小低木。北東アジア〜アラスカに分布する。6月4日。利尻（旭岳）。ID16-30

【左下】ナガバツガザクラ（ツツジ科）　茎下部は地を這い，上部は斜上して高さ 10〜20 cm になる常緑の小低木。葉は細い線形で密につく。5月27日。樽前，旭，夕張。ID16-31

【上】キバナシャクナゲ（ツツジ科）　高山帯に生える高さ 0.2～1 m の常緑低木。日づけなし。夕張，旭，札幌岳，十勝岳，羊蹄山。ID58-88
【左下】ヒメシャクナゲ（ツツジ科）　常緑の小低木。日づけなし。産地の記載なし。ID58-89
【右下】エゾノツガザクラ（ツツジ科）　常緑の小低木。日づけなし。産地の記載なし。ID58-90

須崎忠助の略歴と「大雪山植物其他」が描かれた時代背景

はじめに

　北海道大学附属図書館に所蔵されている「大雪山植物其他」には，図を描いた絵師の名前は記載されていない。ただし，附属図書館に残されている記録によれば，昭和10(1935)年6月に須崎つね氏から農学部の有用植物分類学教室が購入したものであることから，「大雪山植物其他」は，北海道大学植物園の初代園長を務めた宮部金吾と高弟工藤祐舜を著者とする『北海道主要樹木圖譜』の画工として著名な須崎忠助によるものであることが理解される。須崎の人物像については，昭和59年に北海道大学図書刊行会によって復刻された『北海道主要樹木図譜』の解説(以下復刻版解説)に詳しいが，この短文では復刻版解説執筆時に利用されていない資料を用いて須崎の足跡や人物像を描き直すとともに，「大雪山植物其他」に記載されている書き込みを確認しながらこの図がどのような背景を持つものであるかを考察することとしたい。ただし，後述するように「大雪山植物其他」がいつ，どのような目的で制作されたものであるかについては明確な解答を得るまでには至っていない。「大雪山植物其他」を取り巻く人物や時代背景の理解の一助として，また，今後も続く謎解きの入り口としてこの短文を位置づけていただければと考えている。

須崎忠助について

　復刻版解説によれば，須崎の経歴は以下のようにまとめられる。須崎は慶応2(1866)年に東京で生まれ，明治30(1897)年東京大林区署雇，明治42年長野大林区署を経て，明治44年から北海道庁技手となり大正13(1924)年まで勤続していた。北海道庁では林務関係の作図を担当していたが，大正2(1913)年に北海道庁が『北海道主要樹木圖譜』の刊行を企画し，当時の東北帝国大学農科大学教授宮部金吾と助教授工藤祐舜に作成が委嘱されるとともに，その作図担当者としての命が須崎に下ったことにより，その作業に専心することになったとされる。北海道庁内や植物園でのスケッチをもとに，できあがった図版は工藤祐舜による形と色の厳しいチェックを受けて修正されたものが出版社へと送られ，昭和6(1931)年に『北海道主要樹木圖譜』は完結した。須崎は図譜の完成間もない昭和8年に死去しており，その生涯をかけた図として現在に至るまで強い輝きを放っている。なお，須崎は樹木図譜の制作以前から宮部が園長を務めていた植物園へはしばしば出入りし，高山植物の画を描いていたとされる。この他にも北大の昆虫学教室や動物学教室からも依頼を受けて教材用や論文用の図を描いていたらしい。工藤祐舜が大正11年に上梓した『北海道薬用植物図彙』に掲載されている図も須崎の手によるものであり，北大との密接な関係は『北海道主要樹木圖譜』にとどまるものではないこともこれらの業績から理解される。

　ここからは，復刻版解説の情報をふまえ，おそらくは解説執筆時に利用されなかったであろう資料について紹介することとしたい。

　国立国会図書館に所蔵されている『修養之近道』という資料は，昭和4年に札幌の須崎忠輔という人物によってまとめられ，出版されたものであるが，このなかに須崎忠輔自身がまとめた「私くしの経路」という自伝的な記録が含まれている(国立国会図書館のデータベースでは「私乃往路」となっているが，本文の記載と内容から判断し，本文表題を用いる)。後述する「私くしの経路」の記述から，「須崎忠輔」は『北海道主要樹木圖譜』の画工「須崎忠助」であることは明らかであり，晩年に「須崎忠輔」を名乗りとして用いていたことがわかる。「私くしの経路」には，家族に関する記述や幼年期からの記述もあるが，紙幅の関係から，植物図に関係する部分のみ抽出しながら須崎の経歴や画工としての活動について整理してみたい。なお，「私くしの経路」は須崎自身の振り返りであり，その記述の妥当さ，正確さについては他の資料との整合性を確認しながら用いて

ゆく必要があるが，復刻版解説の執筆が須崎の死去から半世紀を経た時点の関係者からの聞き書きに基づいていることから，整合性が取れない場合でも須崎自身の記述の方がより信頼性が高いものと評価してよいだろう。また，記載されている事柄についてはそれぞれに年次記載があるわけではないため，前後の記述を参考にしながら年次を補足していることもあらかじめ断っておく。

須崎忠助が東京から長野，北海道へと職場を移したのは，東京における行政整理による休職者の一員として位置づけられた際に，須崎を評価していた上官の推挙を得たことで長野の職を得たこと，その上官から長野の仕事を辞めて北海道へ来るようにという電報を受け取ったためである。北海道での業務は，明治44(1911)年の皇太子行啓にあたっての台覧品30余点を制作することであったという。この台覧品がどのようなものであったのかは今のところ確認できていないが，復刻版解説にある林務関係の作図担当という記述とは異なっている。台覧品の制作は須崎一人で担っていたために多忙を極めていたが，公休日には仕事をすることが許されず心許なく感じていたところ，見たこともない樹木の枝を同僚が譲ってくれたのでそれを写生することでその休みを過ごしていたという。その図を下宿の主人が大学の「某教授」に見せたことでその教授との知己を得ることになり，さらにその件が部長の耳に入ったことで樹木図に関する特命を行啓後に受けることになった。この「某教授」とは，まず間違いなく宮部金吾であり，この特命は大正2(1913)年から宮部金吾・工藤祐舜・須崎忠助が担当することになった『北海道主要樹木圖譜』の制作に関わるものである。このあたりの経緯については復刻版解説とも合致しているが，須崎と宮部の出会いがどのようなものであったのかを知るうえで非常に興味深い記述である。宮部との出会いと『北海道主要樹木圖譜』の制作計画に続く部分では，この計画に関わる人間関係のトラブルや従来認識されてきた制作背景とは異なる点なども記述されているが，「大雪山植物其他」とは直接関係がないため詳細については別稿で紹介する。ここでは，須崎が『北海道主要樹木圖譜』の制作にあたって北海道庁をいったん退官し，嘱託となって図譜制作専務となったこと，人格者である大学の専門教授（宮部）の指導を受けられたことを幸せにとらえていたこと，図譜が大正7年に開道博覧会に出品されたこと，その後図譜の出版が決定したことが記されており，復刻版解説の記述とは若干異なる内容であることを紹介するにとどめる。

『北海道主要樹木圖譜』の記述に続く部分については，原文をそのまま引用しよう。須崎は「其後全く特命の仕事も完成を告げ，且復官してから，十年も過ぎましたから，罷たく思つて居ましたら，東京の大震災，之に伴つて出版中の一部を消失しましたから，直ちに其補充に取掛つて居つた」という。東京の大震災は大正12(1923)年に発生した関東大震災であることから，須崎が『北海道主要樹木圖譜』の特命の仕事を完成させ，嘱託から復官したのは大正2年ごろ，つまり須崎の記憶と記述に従う限り，『北海道主要樹木圖譜』制作の業務そのものは1年程度で終了していたことになる（ただし，大正5年ごろまでは関与していた別の証拠もあるので，この部分については疑う必要がある）。その後，大正13年末には補充の仕事も終り，思うところもあって退官することになったが，恩給を得ながら画筆に親しんでいたことが記されている。

昭和に入り，詳細は不明であるが個人的な大きなトラブルがあったらしい。しかしその問題を無事解決した後，十数年来希望していた大雪山行きの恩命が下ったことを喜び，「帰って後も数十日間雲井の空に遊ぶような心地」と述懐していることから，大雪山での仕事を実際に行ったことが確認される。

以上が，「私くしの経路」に見る須崎と植物図の記述である。復刻版解説との間での相違を確認しながら整理してみたい。

須崎は明治44年に行啓台覧品の制作を業務として北海道庁の職員となった。その業務の余暇に描いていた樹木図がきっかけとなり宮部金吾の知遇を得た。この宮部との関係から大正2年に北海道庁が制作することとした『北海道主要樹木圖

譜』の画工として専務することとなったが，その業務はおおむね1〜5年程度であったと考えられる。『北海道主要樹木圖譜』の業務を終えて復官した後の仕事については，大正11年に工藤祐舜との共著になる『北海道薬用植物図彙』の掲載図を制作していたことは確認されるものの，その他の詳細については判然としない。復刻版解説にあるようにこの時期は林務関係の作図にあたっていたのかもしれない。大正9年から出版が開始されていた『北海道主要樹木圖譜』の一部の原図が大正12年の関東大震災によって消失したため，その補充作業にあたっていたようであるが，翌13年にはその作業も終了し，同年末に北海道庁を退職することとなった。

退職後，画筆に親しんでいたと述懐しているが，これが植物図であるのか，復刻版解説にあるような昆虫学や動物学関係の図であったのかについては現時点では明らかにならない。なお，北海道大学農学部植物学教室の図書室に保管され，現在大学文書館に所蔵されているキノコ図の一部が須崎の筆によるものであることが確認されている。これらには作画の年次が記載されており，昭和2（1927）年から3年にかけて制作されたものであることが大学文書館の調査から明らかになっているので，北大との関係は北海道庁退職後も継続していたことは間違いない。キノコ図の制作と並行して，昭和3年に大雪山での調査・作図の依頼があり，現地に赴いたが「私くしの経路」では詳細については触れられていない。ただし，この大雪山調査については別の資料から詳細が判明する。『北海道林業会報』昭和4年11〜12月号に札幌蝶花畫房蝸室の須崎一光という人物が著した「大雪山紀行」という紀行文がある。この文章の一部は，昭和10年に出版された北海道山草会『拾周年記念誌』に故須崎忠輔老の「大雪山の紀行中より」として掲載されており，「須崎一光」も須崎のペンネームであったことがわかる。雑誌記事では，須崎をT博士の調査に同行させることとしたI教授，というようにイニシャルで表記されているが，植物園に残されていたガリ版刷りの配布用資料ではT博士＝武田久吉，I教授＝伊藤誠哉と記載されていること，大雪山調査には当時植物園に勤務していた原秀雄も同行していたことから，北海道大学植物学教室，あるいは植物園関係の調査であったことが理解される。

以上のように整理してみると，復刻版解説では須崎が『北海道主要樹木圖譜』の制作以前から植物園に出入りしていて，高山植物の図を描いていたとするが，この記述は時間的に成立しがたい。「大雪山植物其他」のような高山植物を描いていた可能性のある時期は，『北海道主要樹木圖譜』の完成後の『北海道薬用植物図彙』を制作していた時期か，退職後，または大雪山での作図依頼があった時期に限定されるように思われる。この問題を念頭に，「大雪山植物其他」の制作年代を探ることとしたい。

「大雪山植物其他」について

「大雪山植物其他」は，92点の植物が59枚の用紙に描かれている。昭和10（1935）年の購入段階では65枚であったという記録が附属図書館に残っているので，6枚の図が何らかの理由により減少している。各植物図には植物名や生育地，描いた日付などの記述があり，図中には色の指示や植物分類についてのコメントがあるものもある。これらの図の制作時期や目的について検討してみたい。なお，以下において図を示す場合は「ID6-14　モイワナズナ」のように，本書表の図番号と植物の番号および高橋による同定植物名称を利用した表記を行う。個別の植物図ではなく，複数の植物が描かれた1枚の図を示す場合は，ID6とのみ示す。

「大雪山植物其他」59枚は，大きくふたつのグループに区分することができる。ひとつは，図の上部に漢数字の記載があり，かつ個々の植物名の前にアラビア数字が記載されているもの，もうひとつはその記載がないものである。

数字記載のある図は27枚ある。漢数字は二から三七まで続き，アラビア数字は74まで欠番はありつつも連番となっている。ID5の上部には漢数字で「六及七」とあり，「六」から線が引かれ「10 き花のこまのつめ　11 みねすわう　12 千島

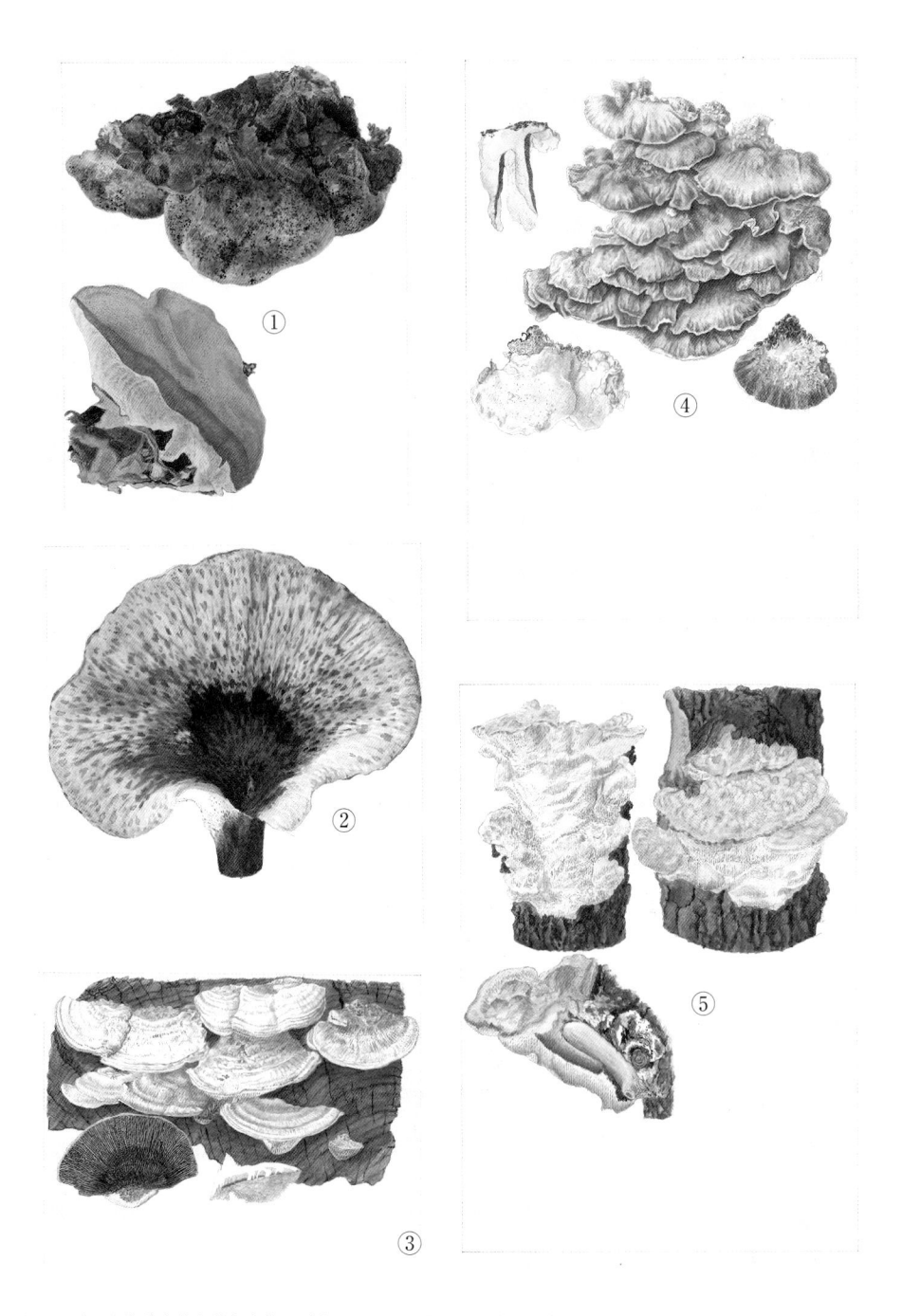

須崎忠助のキノコ画。北海道大学大学文書館に所蔵されている農学部植物学図書室旧蔵資料の一部である。作画者として須崎の名前が記載されている図は 50 点弱確認されている。各図のキノコ名称は図の裏面に記載されている学名を基に，伊藤誠哉『日本菌類誌』2-4 (1955) を用いて和名を記した。このため現在利用されている名称とは異なる部分もある。また，同定も確実なものではないことに注意されたい。標本採集者名と末尾の数字は裏面の記載に基づき，様式を整えたうえで示した。数字は研究室における標本番号であり，この番号を利用して北海道大学総合博物館に所蔵されている標本と照合できる場合がある。図に記された標本情報によって，標本に現在付属しない情報を付加することができる場合もあり，博物館標本の価値を向上させる重要な資料と位置づけることができる。
① *Polyporus croceus* オオカボチャダケ　昭和 3 年 9 月 13 日成画　標本は亀井専次採集，標本番号 1529。② *Polyporus squamosus* アミヒラダケ　昭和 3 年 10 月 2 日成画　標本は亀井専次採集，標本番号 1532。③ *Lenzites indica* チリメンタケ　昭和 3 年 9 月 19 日成画　標本は徳渕永二郎採集，標本番号 387。④ *Polyporus adustus* ヤケイロタケ　昭和 3 年 10 月 31 日成画　標本は亀井専次採集，標本番号 1567。⑤ *Tremetes Trogii* ウサギタケ　昭和 3 年 9 月 18 日成画　標本は亀井専次採集，標本番号 1530

あまな　13 ひめくんばい，六」という記述がある。「六」の漢数字の記載のある ID4 は，付表に見るように「10 ミネズオウ」，「11 キバナノコマノツメ」，「12 チシマアマナ」，「13 ヒメグンバイ」から成立しており，アラビア数字の混乱はあるものの対応がみられる。また，付表に見るように 2 種類の数字は明らかに連動しており，図版番号としての漢数字と，図に記載されている種番号としてのアラビア数字という役割が与えられていたものと予想される。ただし，この数字に基づく配列は必ずしも植物の分類体系に基づくものではないため，図鑑のような書籍の図としての番号とは考えにくい。また，図の上部などに「非」や「省ク」，「廃」という記述もあるので，暫定的なものであった可能性もある。

　数字記載のあるグループに含まれる図には，付表に見るように描いた月日の記載はあるものの，もうひとつのグループの図にあるような年次の記載がまったくない。しかし，数字記載のグループには，分類その他に関する記載が多く残されている。図の記述には，植物の名前，産地，日付などを書いた人物と，種同定や色および形状の指示をした人物の少なくとも 2 名が関与していたことがうかがわれる。前者は絵を描いた人物，つまり須崎であると推測されるが，種同定などのコメントを記入した人物は誰であろうか。この人物の特定が「大雪山植物其他」の制作年代を推察する情報となることが期待されるので，以下に検討に用いることができる記載を示したい。

【ID17-32　ヨコヤマリンドウ［図記載は~~ヨコヤマタカネリンダウ~~］】
　　ヨコヤマリンダウといふ和名はミヤマリンダウに宮部先生がつけられたものという話を一寸記憶しますから　その辺を確める必要があります　此の図は今タカネリンダウと呼ぶものと思ひます

「宮部先生がつけられた」という表現から，この記述は宮部金吾によるものとは考えられない。

【ID20-40　ホソバイワベンケイ［図記載はクモマキリンサウ］】

　　Sedum Ishidae Miyabe & Kudô　工藤氏ノ確定

「工藤氏」という表現から，この記述は工藤祐舜によるものとは考えられない。

【ID8-18　ヤエミヤマキンポウゲ［図記載は八重咲ノきんぽうげ］】
　　八重咲ノきんぽうげ　本年モ八重ニ咲キタリ，名ハ不明ニ付　武田先生ニお伺セヨ

「武田先生」という表現から，この記述は武田久吉によるものとは考えられない。

　大正から昭和初期における植物学教室，あるいは植物園に関係する分類学者から上記 3 名を除外すると，残された人物は舘脇操のみである。その他の記述から，舘脇が図に注記した人物として妥当であるかどうかを確認してみよう。

　ID8-18　ヤエミヤマキンポウゲには，上述の記載の後，「ヤヘミヤマキンポウゲ　新称　Ranunculus acris L. var. Stevenii Regel form. plena, T.」という記述がある。この学名は舘脇操によって記載されたものであり，矛盾は生じない。

　ID12-23　チシマクモマグサ（図を描いた須崎は「チシマクモマクサ」と記しているが，「チシマ」が抹消され「エソ」と修正されている）には，「チシマクモマグサと新称したるものは葉は大抵〈葉の図〉となり　花は多数枝頭に著く　これはエゾクモマグサとでも称すべきか　Saxifraga merkii Fisch. var. typica」という記述がある。「チシマクモマグサ」という和名は明治 44(1911) 年に武田が Saxifraga merkii var. robusta に対して用いている。また，「エゾノクモマグサ」という和名は大正 6(1917) 年に宮部と工藤が別種である「Saxifraga nishidae」に用いており，図の記述がいつ，どのような学術的背景に基づいて行われたのか，解釈が難しい。しかし，伊藤秀五郎と小森五作が持ち帰った千島アライト島の植物を利用した舘脇の昭和 2 年の報告のなかで「Saxifraga merkii Fisch. var. typica」に「チシマクモマグサ」という和名が利用されており，図の記載とは整合性が取れることから，昭和 2 年ごろの舘脇の記述と見ることは可能である。

ID26-51　リシリヒナゲシ（チシマヒナゲシ）には，「コレハ特立種トシタ方ガヨイデシヤウ（ママ）」という記述がある。図にはすでに「千島ひなげし」という名称が記載されているが，新種として昭和10年に宮部と舘脇によって記載されていることから，学名記載前に舘脇が記した見解であると推測できる。

ID7-16　レブンアツモリソウには，「キバナノアツモリソウ　利尻産」の記述の脇に，「コレハ新種ナランモ名称未定，本当ノきばなあつもりさうニハ限ラズ」と記されている。産地として「利尻産」とあることに疑念はあるが，描かれた植物はレブンアツモリソウである。レブンアツモリソウは大正14年に工藤祐舜が「Cypripedium rebunensis」として発表したが，正式記載としては昭和7年に宮部と工藤により「Cypripedium macranthos Sw. var. rebunense」として記載されている。図の記述が舘脇によるものかどうかは明らかにならないが，大正末から昭和初期の認識としては評価できるため，その他の記述とは矛盾しない。

ID18-35　ミツバオウレンには，分類学的な記述や舘脇の記述であることを示す材料はないが，「薬用植彙参考」という記述がある。これは工藤による『北海道薬用植物図彙』を参考にすることという意味であろうから，大正11年以降に記述されたものである。これもこれまでの年代推定と矛盾しない。

以上の考察から，「大雪山植物其他」のうち，図版番号があるものは大正末～昭和初期に須崎によって描かれ，舘脇によるコメントが加えられたものと考えられる。図版番号のない図も，大正2年や大正9年という若干の例外はあるものの，多くは昭和2年という記載年次があり，同時期に描かれたものである。図版番号がある図の多くは着色が終了し，かつ細かな書き込みが多いのに対し，図版番号がないものは未完のものが多いように見受けられることから，完成後に図版番号が記載されることになっていたのだろうか。なお，大正2年という日付を持つID28-55　ユウバリソウとID29-56　ウメバチソウについては，須崎の活動時期からみても検討を要する。昭和元年が12月末から始まっていることを鑑み，本来は「昭和」と書くべきところを書きなれた「大正」と書き誤った可能性を提示しておきたい。

「大雪山植物其他」の素材

「大雪山植物其他」はどのような環境で描かれたのだろうか。図に記載されている産地に須崎がおもむいて描いていたのだろうか。最後に，この点に関する情報を紹介してこの小文を終えたい。

須崎が「大雪山植物其他」を描くにあたって素材とした植物を特定する上で利用できるものは，昭和2（1927）年6月2日に描いたID38-67　アライトヨモギである。これは千島列島の最北域のアライト島のものであり須崎が現地に行っていたとは考えられない。おそらくは，須崎が図を描いた前年夏に伊藤秀五郎と小森五作が調査を行った際に持ち帰ったものを描いたものであろう。そして，須崎とアライト島から持ち帰られた植物とは接点があるのである。

昭和4年に刊行された『實際園藝』臨時増刊「高山植物　観察と栽培」には，当時北大植物園の職員であり，須崎とともに大雪山調査を行った原秀雄による「北海道山草會とその概況」という記事がある。この北海道山草会は大正14年に宮部金吾・伊藤誠哉・舘脇操らの主導により設立されたものであるが，設立の年から毎年のように陳列会を開催していた。原の記述によればその会期は以下に示すようなものであった。

第1回	大正14年6月6～7日		於北大植物園
第2回	大正15年5月29～30日		於北大植物園
	競技花サクラソウ植物属		
第3回	昭和2年5月27～29日		於北大植物園
	競技花レブンアツモリサウを除く北海道産蘭科植物		
第4回	昭和3年5月25～27日		於北大植物園
	競技花北海道産百合科植物		
第5回	昭和4年6月1～3日		於北大植物園
	競技花北海道産石楠科植物		

第3回の陳列会では生品193点が出品されたとされるが，なかでも「千島の北端アライト島よりの植物チシマハハコヨモギ，アライトヨモギ，チ

シマハマカンザシ等の出品は特筆に値する」(下線引用者)と原は記している。第3回の開催年次がID38-67が描かれた時期に近接していること，年次不明であるが5月末日に描かれたID43-72　ハハコヨモギ(図では千島ハヽコヨモギ)とも合致する。須崎の名前は北海道山草会の会員名簿に確認でき，かつ現存する第2回以降の陳列品目録にも出品者として確認できることから，須崎が陳列会に参加していたことは間違いない。これらの点からこの陳列会に出品された植物が「大雪山植物其他」の素材の一部となったことは間違いないだろう。ただし，昭和2年の日付を持つ図に描かれた植物のすべてが陳列品目録に掲載されているわけではないため，あくまでも素材の一部としての評価である。

なお，現存する陳列品目録では，第2回以降「レブンアツモリソウ」が出品されていることが確認できる。このため，上述したID7-16　レブンアツモリソウの記載にある新種として取り扱うべき，という状況をうかがうことはできない。第1回の陳列品目録を確認することができれば，そこに「キバナノアツモリソウ」として出品されていたレブンアツモリソウを見出すことができるのかもしれない。なお，レブンアツモリソウのタイプ標本は，大正15年に礼文島からもたらされ，牛島庭園で栽培されていたものを標本にしたものである。山草会陳列会の出品者には「牛島一良」の名前が確認できる。レブンアツモリソウの出品者としては「牛島」の名前を確認することができないが，北海道山草会の活動がレブンアツモリソウの新種記載に貢献した，と考えることは推測を膨らませすぎだろうか。

須崎忠助と「大雪山植物其他」について，従来知られていなかった情報を利用しながら歴史的，資料学的に考察を行ったが，残された課題も多い。図版番号と思しき記載があることから，「大雪山植物其他」は何らかの刊行物に利用するために制作されていた可能性もある。今後，植物学的観点からの調査や，舘脇操，北海道山草会の活動などについての調査が深められ，制作意図やなぜ完成しなかったのかについて判明することを期待している。

謝辞：この解説を取りまとめるにあたっては，北海道大学北方生物圏フィールド科学センター森林圏ステーション日浦勉教授による「大雪山植物其他」の整理結果を利用させていただいた。

付　表

図ID	植物ID	高橋の同定による種名・学名		漢数字	アラビア数字	記載種名	作画日
1	1	エゾミヤマクワガタ	*Veronica schmidtiana* Regel subsp. *senanensis* (Maxim.) Kitam. et Murata var. *yezoalpina* (Koidz. ex H. Hara) T. Yamaz.	二	2	みやまくはがた　まるはくはがた	──
	2	「ミヤマキンバイ」	*Potentilla matsumurae* Th. Wolf		3	みやまきんばい	──
	3	レブンコザクラ	*Primula modesta* Bisset et S. Moore var. *matsumurae* (Petitm.) Takeda*		4	れぶんこざくら	──
	4	ジムカデ	*Harrimanella stelleriana* (Pall.) Coville		5	ぢむかで	──
2	5	フタナミソウ	*Scorzonera rebunensis* Tatew. et Kitam.	三	6	フタナミサウ	6月15日 同17日成
3	6	ヨツバシオガマ	*Pedicularis chamissonis* Steven	五	9	（エゾノ）ヨツバシホガマ	6月20日
	7	ツリガネニンジン	*Adenophora triphylla* (Thunb.) A. DC. var. *japonica* (Regel) H. Hara			──	
4	8	ミネズオウ	*Loiseleuria procumbens* (L.) Desv.	六	10	ミネズワウ	5月8日
	9	キバナノコマノツメ	*Viola biflora* L.		11	キバナノコマノツメ	5月24日
	10	チシマアマナ	*Lloydia serotina* (L.) Rchb.		12	チシマアマナ	5月15日
	11	タカネグンバイ	*Noccaea cochleariformis* (DC.) Á. et D. Löve		13	ヒメグンバイ　グンバイナヅナ	5月5日
5	12	タカネナデシコ	*Dianthus superbus* L. var. *speciosus* Rchb.	七	14a	タカネナデシコ	7月14日
6	13	ミヤマキンバイ	*Potentilla matsumurae* Th. Wolf	九	17	ヨ（ミヤマ）キンバイ	5月1日
	14	モイワナズナ	*Draba sachalinensis* (F. Schmidt) Trautv.		18	モイワナヅナ	5月1日
7	15	ヤマハナソウ	*Saxifraga sachalinensis* F. Schmidt	一〇	19	ヤマハナサウ	6月5日
	16	レブンアツモリソウ	*Cypripedium macranthos* Sw. var. *rebunense* (Kudô) Miyabe et Kudô*		20	キバナノアツモリサウ	5月26日

植物図記載	追加記載	記載備考
2　みやまくはがた（ペン書き）　まるはくはがた　同右　画ハガキ	Veronica Stelleri Pall.	「同右」は図1-2の「旭岳 草地又砂礫湿地」を指すか
3　みやまきんばい（ペン書き）　旭岳　草地又砂礫湿地	Potentilla Matsumurae Wolf.	
4　れぶんこざくら（ペン書き）　岩石蘚湿地　礼文	Primula Matsumurae Petitm.	
5　ぢむかで（ペン書き）　旭　礫地	Cassiope Stellariana DC.（ママ）	
6　フタナミサウ　産地　礼文ニタ並山産　砂礫地 六月十五日　全十七日成　柳沢氏所有	Scorzonera radiata Fisch.	
○　9　（エゾノ追記）ヨツバシホガマ　六月廿日　礼文産　夕張 葉ハ甲ニ准ス他ハ了　地質　木本 ツリガネニンジン　此草ニ寄生シタルモノ	Pedicularis japonica Miq.	図中に「夕」（夕張の意か）の記載有
10　ミネズワウ　産地　旭岳頂上　五月八日 葉ハ甲ニ准ス　夕張ニモアリ　地質　日南　岩石地		
11　キバナノコマノツメ　産地　旭岳　五月廿四日 葉ハ甲乙ニ准ス　毛ハ表面及縁辺ニアリ　受光面ニ著シ 岩石蘚湿地		
12　チシマアマナ　礼文　五月十五日成　岩石地　日南		
13　ヒメグンバイ　クンバイナヅナ 利尻産　五月五日成　旭　夕張ニモアリ 花葉共甲ニ准ス 所在地　岩石崩壊地		
14　タカネナデシコ　七月十四日　産地　夕張　地味 葉ハ両面共甲ノ如クフカースノニニテ半分ヲ濃クシ　更ニ中肋ノ 一線ヲ強ク加ヘ　其部ヲ避ケテ白ヲカケル		上部に「六　10 き花のこまのつめ　11 みねすわう　12 千島あまな　13 ひめくんばい」の記載有
17　ミヤマ（コ抹消）キンバイ　五月一日成　実大　夕張岳　旭 全部ニ細毛ヲ加フルコト　頂上ノ花部ニ准ス 岩石地又ハ草生地砂礫地 葉脈及其色甲乙如ク強クスルコト	Potentilla Matsumurae Th. Wolf. var. incisa Koidz.　コキンバイ即ち Waldesteina とは違いましやう	上部に「16　いはいてう（ハ及）」の記載有
○　18　△　モイワナヅナ　五月一日　実大　モイワ岳 岩石地　帯褐黒色　白色ノ扁平ナル苔 花ハ甲ニ葯ハ乙ニ蕾モ同　萼ハ丙ニ毛ハ花梗共丁ニ准ス	Draba sachalinensis Fr. Schmidt	「省ク」とペン書き記載有
非　19△　ヤマハナサウ　六月五日　産地　夕張　札幌岳及手稲 葉ノ表甲ニ准ス（深緑ニ淡黒）　△岩石地	Saxifraga reflexa Hook.	図中に「夕」（夕張の意か）の記載有
○20　キバナノアツモリサウ　五月廿六日　利尻産　非 葉ノ色　所在地質	コレハ新種ナランモ名称未定 本当ノきばなあつもりさうニハ限ラズ	

図ID	植物ID	高橋の同定による種名・学名		漢数字	アラビア数字	記載種名	作画日
8	17	カラフトマンテマ	*Silene repens* Patrin	一一	22	カラフトマンテマ	7月28日
	18	ヤエミヤマキンポウゲ	Double-flowered form of *Ranunculus acris* L. subsp. *nipponicus* (H. Hara) Hultén		62a	八重咲ノきんぽうげ	8月9日
9	19	レブンソウ	*Oxytropis megalantha* H. Boissieu	一一a	21	レブンサウ	7月25日
10	20	ヒメイズイ	*Polygonatum humile* Fisch. ex Maxim.	一二	23	ヒメアマトコロ	6月17日
	21	イワツツジ	*Vaccinium praestans* Lamb.		24	イヲハツヾジ	8月2日
11	22	ホザキイチヨウラン	*Malaxis monophyllos* (L.) Sw.	一三	25	ホザキフタバラン	8月13日
12	23	チシマクモマグサ	*Saxifraga merkii* Fisch. ex Sternb. var. *merkii*	一四	26	チシマエゾクモマクサ	8月7日
	24	クモマユキノシタ	*Saxifraga laciniata* Nakai et Takeda		27	ヒメヤマハナサウ	8月11日
13	25	コケモモ	*Vaccinium vitis-idaea* L.	一六	30	コケモヽ	6月11日
	26	チシマキンレイカ	*Patrinia sibirica* (L.) Juss.		31	タカネヲミナヘシ	6月22日
14	27	ムカゴトラノオ	*Bistorta vivipara* (L.) Delarbre	一七	32	コモチトラノヲ	6月27日
	28	シロウマアサツキ	*Allium schoenoprasum* L. var. *orientale* Regel		33	白ウマアサツキ	7月2日

植物図記載	追加記載	記載備考
22 △　カラフトマンテマ　礼文産　岩石地　七月廿八日　全部了	コレハ本当ノからふとまんてまトハ少し違フ様ニ思ハレマスガドウデシヤウカ	上部に「廃」の記載有
八重咲ノきんぽうげ　本年モ八重ニ咲キタリ　名ハ不明ニ付　武田先生ニお伺セヨ 八月九日　夕張岳 花ノ色濃キト淡キトアリ　葉ハ甲乙葉ノ表裏共短細白毛アリ　茎モ又仝シ	ヤヘミヤマキンポウゲ　学名新称 Ranunculus acris L. var. Steveni Rgl. forma plena Tak.	上部に「廃」の記載有，図中に「夕」（夕張の意か）の記載有
21　△　レブンサウ　七月廿五日　礼文産　岩石地 葉ハ甲ニ准シ裏ハ乙ニ　表ニハ白キ長疎毛アリ　裏ノ毛ハ密着セル密毛ニシテ僅ニ先端ニノミ見ユ 萼葉柄等ニモ加フルヲ要ス	Oxytropis revoluta Ledeb.	右部に「22　からふとまんてま」の記載有，図無
23　△？　ヒメアマトコロ　レブン産　夕張ニモ　六月十七日 花葉共甲ニ准ス　所在地岩石地	Polygonatum humile Fisch.	
24　イハ（ワを修正）ツヂ　八月二日 産地　夕張　旭　手稲 岩石地又ハ樹木　岩■ニ搦ム	Vaccinium praestans Lamb.	図中に「夕」（夕張の意か）の記載有
非　25　△　ホザキフタバラン　八月十三日　夕張岳	（これはホザキイチエフランの小い方の葉が大きく伸びた丈のものです） Microstylis monophyllos Lindl. forma diphyllos Koidz.	図中に「夕」（夕張の意か）の記載有
26　エソ（チシマ抹消）クモマクサ　八月七日　旭岳　湿地 葉ノ表ハ甲　裏ハ乙　全毛ハ丙ノ如ク疎　花梗ノ毛ハ疎ニシテ細ソク　表面ハ疎ナル白毛面ト直角ニ生シ裏ニハナシ	チシマクモマグサと新称したるものは葉は大抵〈葉の図〉となり，花は多数枝頭に著く，これはエゾクモマグサとでも称すべきか Saxifraga Merkii Fisch. var typica	
27　△　ヒメヤマハナサウ　八月十一日　夕張岳　礫　小石原	Saxifraga laciniata Nakai et Takeda	図に「葉ノ付キ方実物ニ照セ」の記載有．〈先端が3裂した葉形〉右下部に「28こまくさ」の記載有
30　コケモヽ　六月十一日　産地　夕張　旭其他本道各地 △　古葉ハ甲ニ　新葉ハ乙ニ　而シテ縁ハ外反スル如キ影 花ハ終期ニ於テ全部ニ紅色深ク蕾ニハ呈セス △　岩石又ハ草地	Vaccinium Vitis-Idaea L.	図中に「夕」（夕張の意か）の記載有，上部に「29たかねとりかふと」の記載有
31　タカネヲミナヘシ　六月廿二日　産地　夕張　羊蹄山　旭岳　礼文 葉ノ表甲乙裏は了　花ノ中凹部ノ毛及葉柄ニ白疎毛アリ 地質　岩石地又礫地	Patrinia sibirica Juss.	図中に「夕」（夕張の意か）の記載有
32　コモチトラノヲ 六月廿七日　産地　夕張　旭　利尻 葉ハ甲（多クハ細キモノ）乙（広キモノ）表面ニ三條ノ凸部アリ　脈ハ背光面ノミ見ユ　色ハ浅深不定ナレドモ大体甲乙ノ如シ 地質　草本帯	Polygonune viviparum L.	図中に「夕」（夕張の意か）の記載有
33　白ウマアサツキ　七月二日　産地　夕張 葉ハ甲ニ准シ数條ノ力線ヲ加フベシ（深緑ノ強キモノノミ） 所在地　砂地又ハ湿地	Allium Schoenoprasum L. var. orientale Rgl.	図中に「夕」（夕張の意か）の記載有

図ID	植物ID	高橋の同定による種名・学名		漢数字	アラビア数字	記載種名	作画日
15	29	エゾカラマツ	*Thalictrum sachalinense* Lecoy.	一八	34	チシマカラマツサウ	6月8日
16	30	エゾツツジ	*Therorhodion camtschaticum* (Pall.) Small	一九	35	エゾヽジ	6月4日
	31	ナガバツガザクラ	*Phyllodoce nipponica* Makino subsp. *tsugifolia* (Nakai) Toyok.		36	ツガサクラ	5月27日
17	32	ヨコヤマリンドウ	*Gentiana glauca* Pall.	二〇	37	ヨコヤマタカネリンダウ	8月6日
	33	エゾオヤマリンドウ	*Gentiana triflora* Pall. var. *japonica* (Kusn.) H. Hara f. *montana* (H. Hara) Toyok. et Tanaka		38	オヤマリンダウ	7月27日
18	34	チングルマ	*Sieversia pentapetala* (L.) Greene	二一	39	チングルマ	5月11日／6月5日
	35	ミツバオウレン	*Coptis trifolia* (L.) Salisb.		40	ミツバワウレン	5月12日
	36	イワウメ	*Diapensia lapponica* L. subsp *obovata* (F. Schmidt) Hultén		41	イワムメ	5月13日
19	37	ミヤマホツツジ	*Elliottia bracteata* (Maxim.) Hook. f.	二三	44	ミヤマホツヽジ	7月11日
20	38	コメツツジ	*Rhododendron tschonoskii* Maxim.	二五	48	白花米ツヽジ	7月4日
	39	ミヤマキンポウゲ	*Ranunculus acris* L. subsp. *nipponicus* (H. Hara) Hultén		49	ミヤマキンポウゲ	5月28日
	40	ホソバイワベンケイ	*Rhodiola ishidae* (Miyabe et Kudô) H. Hara		50	クモマキリンサウ	6月3日

植物図記載	追加記載	記載備考
△ 34　チシマカラマツサウ　非　六月八日　産地　レブン　地味　草苔地 葉表ノ色ハ初メ深緑ニマイカイヲ加ヘタル濃色ヲ彩リ終リニ白ニ少許ノ浅緑ヲ和シテ彩リ尚面白ノミヲ彩リ甲ノ如クス	Thalictrum sachalinense Lecoy.	
35　エゾツツジ　六月四日　岩石　密着黒　利尻(旭岳) 葉ノ色ハ甲　フチハ紅色強ク柄ニ近ク緑色　毛ハ表裏共深シ 岩石地 〈右下〉花弁及ヒ花梗等ノ毛ハ紅色深ク　萼ノ脈上ノ毛ハ玉状ヲナシテ三條ニ著シク其他ニ点様ニ在リ　葉ノ裏面及基部ノ毛ハ白シ	Rhododendron kamtschaticum Pall.	
36　ツガサクラ　五月廿七日　樽前　旭　夕張 裏葉ノ中肋ハ太ク白ク　縁辺悉ク鋸歯アリ　表面三條ノ縦線アル如ク両縁外反シ中肋ヨリ斜メ側脈ヲ出ス 岩崩ノ小石原	Phyllodoce nipponica Makino	
37○　タカネ(ヨコヤマ抹消)リンダウ　八月六日　旭岳　原氏採集　砂礫地 葉ハ甲　葉縁ニ近ク不明ノ脈アリ　夫ヨリ縁辺迄殆ト平ラニシテ其脈ヨリ中凹トナル　柱頭ハ二裂 地質ハ乙	Gentiana glauca Pall. ヨコヤマリンダウといふ和名はミヤマリンダウに宮部先生がつけられたものという話を一寸記憶しますから，その辺を確める必要があります．此の図のは今タカネリンダウと呼ぶものと思ひます	
38 △　オヤマリンダウ　七月廿七日　産　羊蹄山 葉ノ表ハ浅深緑ノ合色ニ紅紫ヲ加ヘ　甲ノ如クシ猶同色ヲ一回(乙)加ヘテ稍脈ヲ現ハシ　三回目ヲ適度ニボカシ丙ノ如クス　他ハ了 △岩石地○砂礫地○草地	Gentiana Makinoi Kusnez.	羊蹄山の後に他の産地記載があるように見えるが，抹消されている．図中に「夕」(夕張の意か)の記載有
39　チングルマ　産　五月十一日　六月五日　旭岳湿地 葉ノ先端ニ紅点アリ　表ハ甲裏全	Geum pentapetalum Makino	図中に「夕」(夕張の意か)の記載有
40　ミツバワウレン　旭岳産　五月十二日　ハヒ松間　日蔭草間 葯ハ淡黄白色	Coptis trifolia Salisb. 薬用植彙参考	
41　イワウメ　旭岳産　五月十三日　■■ 葉ノ色ハ甲辺ニ准シ■■ノ色ハ再調 木ノ形ヲ加ヘ一面ニ現ハスコト	D. lapponica L. var. obovata F. Schmidt	
44　ミヤマホツツジ　七月十一日　樽前産　旭　夕張　利尻　札幌岳 葉ノ表ハ甲ノ一群裏ハ乙ノ一群ノ如クシ　脈ハ乙ノ如ク紅線アリ又丙ノ如キモアリシ取々ナリ △　岩石地	Tripetaleia bracteata Maxim.	
△48　白花米ツツジ　七月四日　樽前山　札幌岳　手稲　岩石地 葉ハ甲ニ表裏共褐毛アリ　裏ハ淡緑ナルカ故ニ毛ノ色著シ　古キ小葉ハ紅色ヲ含ム	Rhododendron Tschonoskii Maxim.	
49　ミヤマキンポウゲ　五月廿八日　産地　夕張　旭　利尻　羊蹄山　岩地 葉ノ表裏ノ色甲乙ニ茎ハ再検	Ranunculus acris L. var. Steveni Rgl.	図中に「夕」(夕張の意か)の記載有
△50　クモマキリンサウ　六月三日　旭岳　草地 葉ノ表裏ノ色甲ニ准ス	Sedum Ishidae Miyabe et Kudo　工藤氏ノ確定	

図ID	植物ID	高橋の同定による種名・学名		漢数字	アラビア数字	記載種名	作画日
21	41	チシマゼキショウ	*Tofieldia coccinea* Richards. var. *coccinea*	二七	53	千島セキセウ	6月12日
	42	チシマノキンバイソウ	*Trollius riederianus* Fisch. et C. A. Mey.		54	エゾキンバイ草	5月29日
22	43	キクバクワガタ	*Veronica schmidtiana* Regel subsp. *schmidtiana*	二八	55	キクバクワガタ	6月25日
	44	エゾウスユキソウ	*Leontopodium discolor* Beauverd		56	レブンウスユキサウ	6月11日
23	45	ヒメハナワラビ	*Botrychium lunaria* (L.) Sw.	三一	61	ヒメハナワラビ	8月20日
	46	サマニユキワリ	*Primula modesta* Bisset et S. Moore var. *samanimontana* (Tatew.) Nakai*		62	ゆきわりこさくら	───
24	47	イワギキョウ	*Campanula lasiocarpa* Cham.	三二	63	イワキキョウ	7月21日
	48	レブンサイコ	*Bupleurum ajanense* (Regel) Krasnob. ex T. Yamaz.		64	レブンサイゴ	7月10日
25	49	シコタンハコベ	*Stellaria ruscifolia* Pall. ex Schltdl.	三三	65	シコタンハコベ	7月15日
	50	イワブクロ	*Pennellianthus frutescens* (Lamb.) Crosswh.		66	(たるまへ草 俗ニ) イワブクロ	7月16日
26	51	リシリヒナゲシ	*Papaver fauriei* (Fedde) Fedde ex Miyabe et Tatew.	三五	70	千島ひなげし	───
	52	チシマイワブキ	*Saxifraga nelsoniana* D. Don var. *reniformis* (Ohwi) H. Ohba		71	千島いはぶき	───
27	53	エゾタカネツメクサ	*Minuartia arctica* (Steven ex Ser.) Graebn.	三七	73	タカネツメクサ	7月1日
	54	ミヤマタニタデ	*Circaea alpina* L.		74	ミヤマタニタテ	7月5日
28	55	ユウバリソウ	*Lagotis takedana* Miyabe et Tatew.	───	───	くもゐうるつぶ草	大正2年5月29日

植物図記載	追加記載	記載備考
53　千島セキセウ　六月十二日　産地　夕張　朝日 葉ハ甲ノ如ク乙ノ上ニ濃浅緑ヲ用ユ　新葉全部了 岩石地	Tofieldia nutans Willd.	図中に「夕」(夕張の意か)の記載有
54　エゾキンバイ草　五月廿九日 葉ハ表裏共甲ニ准ス 産地　旭　草地	Trollius patulus Salisb. var. ?	
55　キクバクワガタ　六月廿五日　産地　夕張　旭　礼文 所在地　砂礫地 表ノ葉ハ甲ニ他ハ了	Veronica Schmidtiana Regel	図中に「夕」(夕張の意か)の記載有
△56　レフンウスユキサウ　産地　礼文　岩石地 六月十一日　完成　全部完成	Leontopodium discolor Beauverd	
61　ヒメハナワラビ　八月廿日　夕張　礫地	Botrychium lunaria L.	
62　ゆきわりこさくら　日高アポイ産 花ノ表裏黄色ノ周囲ニ半円ノ黒線ハ加ヘサルヲ佳トス 花弁ノ脈ハ著シ　下図ニ倣フヘシ　蕾モ全断　但黄色ノ部ハ緑白色ニ(？) 花梗及萼ノ凹面白緑色ノ臘質	－	
53　イワキキヨウ　七月廿一日　羊蹄山産　夕張　旭　岩石地 葉ハ甲乙萼ニ白小毛ヲ加フルコト	Campanula lasiocarpa Cham.	
54　○　レブンサイゴ　七月十日　礼文産　夕張　旭　岩石地 葉ハ甲ノ如クシ　乙ヲ一回加ヘ　丙ノ如クス　托葉ハ大ナルモノハ表面濃ク小ナルハ表面稍浅緑ヲ帯ブ　葉根丁ノ如シ	Bupleurum triradiatum Adams	図中に「夕」(夕張の意か)の記載有
65　シコタンハコベ　七月十五日　産地　地味 葉大小表裏一葉ニ甲(純クリーンノミ)を二回彩リ白ヲ強カラサル程度ニ一回塗リ乙ノ如クス　下葉ニハ稍黄色ヲ含ム丙ノ如シ	Stellaria ruscifolia Willd.	
66　(たるまへ草　俗ニ)　イワブクロ　七月十六日　産地　樽前 夕張　大雪山　地味　岩石　礫地 葉ノ表ハ甲ヲ塗リ次ニ乙ヲ加ヘ　丙丁ノ如クス　丙丁ハ適度ナリ 毛ハ悉ク白ク　鋸歯頭ニ■紅線点アリ　裏葉ハ了	Pentstemon frutescens Lamb.	
70　千島ひなげし 火山岩(楮褐色)　葉ノ全面白毛　利尻　南千島	Papaver fauriei Fedde コレハ特立種トシタ方ガヨイデシヤウ	
71　千島いはぶき　利尻　岩石地又草本体湿地	Saxifraga punctata L.	図中に「夕」(夕張の意か)の記載有
△73　タカネツメクサ　七月一日　産地　利尻　旭 茎葉ノ色甲　花梗及萼ニハ全部玉毛ア■乙 湿地又ハ砂礫地	Alsine arctica Fenzl.	図中に「夕」(夕張の意か)の記載有
△74　ミヤマタニタテ　七月五日　産地　レブン　旭　草本谷地 川端湿 葉ノ色乙ト同色ニテ光沢ヲ現ハシ内ニ回ヲ加ヘテ甲ノ如クス 実ニハ毛アリ　乙ハ浅緑ニ淡紅ヲ加ヘタリ	Circaea alpina L.	上部に「(三六)72あづまきく　73大るり草」の記載有
くもゐうるつぶ草　大正二年五月二十九日　夕張産 本花ハ開花シタル時ハ既ニ葯裂開シ雌蕊ノ柱頭ハ内部ニ婉曲シテ花弁外ニ出デス　正面ヨリ見ルモ認メ難シ 雄蕊ノ葯ハaノ時ニ非サレハ完全ナルモノヲ得ス　bcハ其内外面 dハ蕾ノ全形　eハ屈曲セル雌蕊　fハ葯ノ花弁ニ附着セル位置 gハ開花ノ全形 下弁二枚ノモノ多キモ偶マ三枚ノモノアリ　普通ノうるつふ草ハ 雌蕊著シク伸張シ外部ニ突出ス		(昭和2年の誤りか)

図ID	植物ID	高橋の同定による種名・学名		漢数字	アラビア数字	記載種名	作画日
29	56	ウメバチソウ	*Parnassia palustris* L.	──	──	うめばち草	大正2年6月12日
	57	ユウバリツガザクラ	*Phyllodoce caerulea* (L.) Bab. f. *takedana* (Tatew.) Ohwi				
30	58	ワサビ	*Eutrema japonicum* (Miq.) Koidz.	──	──	からふとわさび	(大正)9年5月4日
	59	ナンブイヌナズナ	*Draba japonica* Maxim.			なんぶいぬなづな	(大正)14年5月23日
31	60	ヒダカイワザクラ	*Primula hidakana* Miyabe et Kudô ex H. Hara			いはさくら	(大正)14年5月25日(昭和2年5月2日着色)
32	61	ヒダカイワザクラ	*Primula hidakana* Miyabe et Kudô ex H. Hara	──	──	いはさくら	昭和2年5月2日
33	62	ヒダカイワザクラ	*Primula hidakana* Miyabe et Kudô ex H. Hara			アホイ岩桜	昭和2年5月6日
34	63	ヒダカソウ	*Callianthemum miyabeanum* Tatew.			日高草	昭和2年5月6日
35	64	ホソバウルップソウ	*Lagotis yesoensis* (Miyabe et Tatew.) Tatew.			うるつぷさう	昭和2年5月15日
36	65	オオサクラソウ	*Primula jesoana* Miq. var. *jesoana*			おほさくらさう	昭和2年5月27日
37	66	エゾオオサクラソウ	*Primula jesoana* Miq. var. *pubescens* (Takeda) Takeda et H. Hara	──	──	おほさくらさう	昭和2年5月28日
38	67	アライトヨモギ	*Artemisia borealis* Pall.			アライトよもぎ	昭和2年6月2日
39	68	ホソバイワベンケイ	*Rhodiola ishidae* (Miyabe et Kudô) H. Hara			クモマキリンサウ	昭和2年6月2日(最後) 同7月11日の実
40	69	チャボゼキショウ	*Tofieldia coccinea* Richards. var. *kondoi* (Miyabe et Kudô) H. Hara	──	──	アポイ石菖	昭和2年6月9日
41	70	チシマコゴメグサ	*Euphrasia mollis* (Ledeb.) Wettst.			──	昭和2年6月10日
42	71	シソバキスミレ	*Viola yubariana* Nakai	──	──	しそばすみれ	(昭和)2年5月27日
43	72	ハハコヨモギ	*Artemisia glomerata* Ledeb.			千島ハヽコヨモギ	(昭和)2年5月末日
44	73	ハナタネツケバナ	*Cardamine pratensis* L.			はなたねつけばな	(昭和)2年7月16日
45	74	ツリシュスラン	*Goodyera pendula* Maxim.	──	──	つりしゆすらん	(昭和)2年8月12日
46	75	レンプクソウ	*Adoxa moschatellina* L.			れんぷく草	5月

植物図記載	追加記載	記載備考
うめばち草　占守島産　大正二年六月十二日		(昭和2年の誤りか)
からふとわさび　九年五月四日　石田氏		
なんぶいぬなづな　十四年五月廿三日　夕張岳産 萼ハ初メ帯緑黄色後濃黄色　四弁六雄蕊 葉及花梗ニ短細毛アリ白色 黄ハチェロムエローニ微緑ヲ加フ		
日高産　いはさくら　十四年(追記)五月廿五日(二年五月二日着色)		
日高産　いはさくら　昭和二年五月二日　写生		
アホイ岩桜(十倍)　昭和二年五月六日		
日高草　日高産　昭和二年五月六日		
うるつぷさう 大雪山産　昭和二年五月十五日　花ノ色ハ蕾ノ右ニ准ス		
おほさくらさう　昭和二年五月廿七日　最后の花　函館 Primula jesoana Miq.		
おほさくらさう　昭和二年五月二十八日　日高産		
アライトよもぎ　アライト魚見岬産　昭和二年六月二日画		
クモマキリンサウ　昭和二年六月七日最后　全七月十一日ノ実		
アポイ石菖　日高アポイ産　昭和二年六月九日 花弁ノ内面ニ花糸ヲ包囲シ尖端ニ裂開セル葯ヲ存シ　子房ヲ堅ク ■用続シ　肉質ノ如ク厚ク且紅色トナル 葉ハ概ネ両縁ニ縊レーケ所アリ　尖端ハ刀光状ニ偏倚ス		
アライト嶌南浦産　昭和二年六月十日 葉ノ縁辺上面等細毛密付ス(甲)ニ準ス		
しそばすみれ　二年五月廿七日		
千島ハ、コヨモギ　二年五月末日 葉ノ色ハ甲ヲ佳トス　浅緑1ニ2ノ少量ヲ加へ，白ヲ掛ケテ濃淡ヲ付ス		裏面に「なみかせも　あらいと島の　島守となりとも■ぬは、こ草かな」の記載有
はなたねつけはな　二年七月十六日　占守島産　草生地		
つりしゅすらん　二年八月十二日　渡島尻岸内産 毛ハ白色剛毛状　花弁ニナシ		
れんぷく草　五月 側面四花ハ五弁　上部一花ハ四弁		

図ID	植物ID	高橋の同定による種名・学名		漢数字	アラビア数字	記載種名	作画日
47	76	チョウノスケソウ	*Dryas octopetala* L. var. *asiatica* (Nakai) Nakai	―	―	長之助草	5月28日
	77	リシリゲンゲ	*Oxytropis campestris* (L.) DC. subsp. *rishiriensis* (Matsum.) Toyok.	―	―	利尻アフギ	―
48	78	サルメンエビネ	*Calanthe tricarinata* Lindl.			さるめんえびね	6月18日
49	79	クロユリ	*Fritillaria camschatcensis* (L.) Ker Gawl			くろゆり	6月24日
50	80	ミヤマアケボノソウ	*Swertia perennis* L. subsp. *cuspidata* (Maxim.) H. Hara			みやまあけぼのさう	7月16日
51	81	リシリソウ	*Anticlea sibirica* (L.) Kunth			利尻草	7月中旬
52	82	「エゾリンドウ」	*Gentiana triflora* Pall. var. *japonica* (Kusn.) H. Hara	―	―	―	7月30日
53	83	ウラジロタデ	*Aconogonon weyrichii* (F. Schmidt) H. Hara			ウラジロタデ	8月3日
54	84	ゴゼンタチバナ	*Cornus canadensis* L.	―	―	ごぜんたちばな	―
55	85	タカネナデシコ	*Dinathus superbus* L. var. *speciosus* Rchb.			たかねなでしこ	
56	86	アライトヒナゲシ	*Papaver alboroseum* Hultén	―	―	白花千島ひなげし	―
57	87	ミヤマキンバイ	*Potentilla matsumurae* Th. Wolf	―	―	みやまきんばい	―

植物図記載	追加記載	記載備考
長之助草　産地　大雪山　夕張　岩石地　五月廿七八日 萼ノ毛ハ帯黒紫色　雄蕊ハ鈍緑淡シ　葉柄ハ紅色ト淡緑トニ種アリ　毛ハ白ニシテ裏面ハ密　殆ント白色脈ハ僅ニ緑色ヲ帯フ		
利尻アフギ　産地　夕張，レブン　地質　小石又ハ岩 花ハ淡黄白色（図ノ千島ひなけしノ色），蕾ハ稍黄色■ク日ヲ経ルニ従テ白色トナル，葉ハ十層乃至十二層表面２ノ緑色ニ稍少シ１ヲ混スヘシ，裏面ハ同色淡ク中凹ノ如ク，縁辺表面ニ抱ヘ込ミ，且縁毛疎ナレ共表面ニ向テアリ，		上部に「萼ノ先端(図)ノ部ハ緑■ク　(図)ノ脈モ稍濃ク(図)ノ部ハ淡緑，根部ハ総■■一分ノ間紅紫色」の記載有，図中に「夕」(夕張の意か)の記載有
さるめんえびね　六月上旬ヨリ本図ハ同十八日　平塚氏所蔵 葉ノ脈ニ添フテ著シク高低アリ　従テ低部ハ濃緑ニ見ユ　色ハ上方濃ク下方殊ニ淡シ 花ハ初メ赤ニ緑色ヲ含ミ　漸次緑ノ一線ヲ存シ次第ニ緑ヲ帯サルニ至ル 頂上ノ蕾ハ第二ヲ描画中肥大セルモノナリ　下方ノ苞ハ浅緑色ニ白色ヲ含ム		
くろゆり　六月廿四日　最後 葉脈ハ背面ニ光線ヲ受ル時ハ淡ク然ラサル時ハ濃シ		
みやまあけぼのさう　七月十六日　夕張岳　岩石地？		
利尻草　非　礼文産 所在地　岩石間草地　七月中旬 葉ノ色甲及乙ニ准ス　花弁ノ黄色部ハ隆起ス，葯ノ色ハ不明要再検		
七月三十日　産地 葉ノ表ハ甲　一面ニ　次に乙ヲ以テ脈ヲ表ハシツツ塗リ　丙ノ如クス　裏ハ丁　脈ニ浅緑線ヲ加フルコト		
非　ウラジロタデ　八月三日		
ごぜんたちばな 日高アポイ産　分布　夕張　旭 樹林地ヨリ假松帯附近ニ至ル ヒメアマドコロ　アポイ石菖ト混生ス 葉ハ四又ハ六葉表面緑色ノ細小毛密布シ葉端及裏面ニ至ラス　基部及稍主脈ノ上方迄紅色アリ　裏面ハ全ク紫黒色ヲ呈ス　葉柄ハ概ネ淡緑色稀ニ深紅色ノモノアリ　多クハ緑色ト淡紅トヲ帯ヒ四角形ニ歪ミ其一辺ニ紅色ヲ見ル 花弁ハ四中央ノ脈ノミ稍著シ　雄蕊ハ時期遅レテ見ス　雌蕊ノ柱頭ハ初メ白色後淡紅ヲ呈ス　再検ヲ要ス		
たか祢なでしこ　産地　地質 花ノ輪廓ハ帯緑紅色ナリ　洋紅ハ誤リ　葉帯白緑色新芽ハ殊ニ淡シ 萼筒ハ甲　萼ノ尖端ハ緑色花絲ハ白　花弁ノ緑色中ノ毛ハ紫紅色 花三時間		
白花千島ひなげし　産地　地質 蕾及雄蕊毛ハ淡褐色　其他ノ毛ハ全部白花　梗ノ毛ハ短ク上向ス 葉柄ハ下方淡緑上方ニ及フニ従テ濃緑色裏ハ稍淡ク毛ハ疎ナリ 表面ハ直角ナル密毛葉ハ普通雄蕊ノ花糸ハ帯緑黄色　其葯ハ初メ黄色　后ニハ帯緑黄色トナル		
■　△　みやまきんばい　湿地ノ分ハ伸シ　岩石地ノ分ハ縮小		

図ID	植物ID	高橋の同定による種名・学名		漢数字	アラビア数字	記載種名	作画日
58	88	キバナシャクナゲ	*Rhododendron aureum* Georgi			きばなしやくなげ	──
	89	ヒメシャクナゲ	*Andromeda polifolia* L.			──	
	90	エゾノツガザクラ	*Phyllodoce caerulea* (L.) Bab.	──	──		
59	91	チシマギキョウ	*Campanula chamissonis* Al. Fedr.	──	──	千島ききやう	──
	92	ホテイアツモリソウ	*Cypripedium macranthos* Sw. var. *macranthos*			あつもりさう	──

・「　」で囲んだ植物名は，植物画からは同定が困難であり，暫定的なものである。
・学名の最後に＊印のあるものは，邑田・米倉（2012）と異なる見解のものである。
・本文および追加記載欄の学名は図中の記載通りに示すことを心掛けたため，大文字小文字の別など学術的に正確でない部分があることに留意されたい。

植物図記載	追加記載	記載備考
きばなしやくなげ 岩石地　夕張　旭　札幌岳　十勝岳　羊蹄山 葉面ノ細脈ハ光線面外ニ著シク光線■ハ側脈ノミ現ハル　而シテ 葉縁ノ陰影■ハ見ヘス　裏面ハ緑色ニテ著シケレドモ多クハ陰影 ナルヲ以テ見ヘス　葉柄ハ表淡キ紫緑色裏ハ黄緑色 甲乙丙ノ深青色ヲ含メルハ非之		
千島ききやう　11ノ内 岩石地　旭岳 花ノ色甲乙ヲ最佳トス，裏面ノ脈上ニ白長毛疎生ス		
あつもりさう		

「大雪山植物其他」に描かれた植物の解説

　形態・和名・分布などを解説する。①解説順は付表の順番に従った。カラー頁数は太字で【p. 8 左上】のように明記してある。②ID1-1などの記号は，付表にある図と植物のID番号である。③「　」で囲んだ植物名は，植物画からは同定が困難であり，暫定的なものである。④佐竹ほか(1981, 1982a, 1982b)『日本の野生植物Ⅰ～Ⅲ』，梅沢(2007)『新北海道の花』，梅沢(2009)『新版北海道の高山植物』，清水・門田・木原(2014)『増補改訂新版高山に咲く花』，高橋(2015)『千島列島の植物』などを参考にした。学名はほとんど邑田・米倉(2012)『日本維管束植物目録』に従ったが，異なる学名を採用した場合は学名の最後に*印をつけた。

ID1-1　エゾミヤマクワガタ（エゾミヤマトラノオ）*Veronica schmidtiana* Regel subsp. *senanensis* (Maxim.) Kitam. et Murata var. *yezoalpina* (Koidz. ex H.Hara) T.Yamaz.　（オオバコ科）【p. 30 左上】

　海岸～高山の岩礫地や蛇紋岩崩壊地などに生える小型の多年草。種としては葉の形や毛の有無などに変異が大きい。基準亜種のキクバクワガタでは葉身が羽状に中裂～深裂するが，本亜種では葉身の鋸歯が浅く，毛が少ない。花冠は淡青紫色で直径1～1.2 cm，4裂して広く開く。花期は7～8月。和名は「蝦夷深山鍬形」で生育地や花の様子から。北海道（天塩・夕張・日高）のみに分布する，日本固有変種。

ID1-2　「ミヤマキンバイ *Potentilla matsumurae* Th.Wolf」　（バラ科）【p. 30 右上】

　ミヤマキンバイの正しい植物画はID6-13（p. 6上）にある。本植物画での茎葉の雰囲気はミヤマキンバイに似ているが，花弁の形や中央部の雄しべ・雌しべ群の様子はむしろコキンバイを思わせるもので，正確な同定をするのが難しい植物画である。

ID1-3　レブンコザクラ *Primula modesta* Bisset et S.Moore var. *matsumurae* (Petitm.) Takeda*　（サクラソウ科）【p. 30 左下】

　海岸～山地の湿った岩地や草原に生える高さ7～15 cmの多年草。基準変種ユキワリソウの別変種とされる。葉が大型で細長く長楕円形となり，下部は次第に細くなり葉柄が不明瞭。葉裏には淡黄色の粉状物が密布。葉の縁は裏面に反り返らないかやや反り返り，波状の不明瞭な鋸牙がある。さく果は長さ約11 mmで，がくの1.5～2倍位にのびる。開花期は5～6月。和名は「礼文小桜」で，産地名と花の様子から。北海道（礼文・夕張・知床・北見），千島列島（択捉島）に分布する。

ID1-4　ジムカデ *Harrimanella stelleriana* (Pall.) Coville　（ツツジ科）【p. 30 右下】

　高山の岩地に生え，地上を這う常緑の小低木。茎は細く，長さ2～3 mmの小さな線形～狭長楕円形の葉を多数らせん状につける。立ち上がる茎の先の太く短い花柄に1個の花をつける。がくは紅紫色，花冠は白色で長さ5 mm，広鐘形で5深裂する。雄しべは10本で，葯は球形，背面中ほどに2本の刺状突起があり，頂端で孔裂。さく果は球形で約4 mm，5室で胞背裂開する。開花期は7～8月。和名は「地百足」で，茎葉の印象から。本州中部・北海道，千島列島・カムチャツカ半島～アラスカ・北米のいわゆる北太平洋地域に広く分布。

ID2-5　フタナミソウ *Scorzonera rebunensis* Tatew. et Kitam.　（キク科）【p. 2】

　礼文島の高山性の岩礫地や草原に生える，高さ4～17 cmの多年草。根は垂直に地中にのび長さ20 cmにもなる。根出葉は長さ4～8 cmで5本の平行脈があり，全体広倒披針形～狭倒卵形，光沢と厚みがある。花茎の先に黄色い頭状花を1個つけ，径4.5～5.5 cmで舌状花のみ。総苞片は覆瓦状で4列に並ぶ。そう果は線形で縦に肋がある。冠毛は汚褐色で長さ17 mm。開花期は6～7月。和名は「二並草」で，礼文島二並山から由来。本属は日本では本種1種のみで，礼文島の固有種。

同属のホソバフタナミソウ（*S. radiata*）との異同が議論されたが，現在は独立種とされる。

ID3-6　ヨツバシオガマ *Pedicularis chamissonis* Steven　（ハマウツボ科）【p. 33 右・左】

　高山草原に生える多年草。茎は高さ 10〜35 cm，葉は 3〜6 枚が輪生し，長楕円状披針形で羽状に全裂し，裂片は披針形。茎上部に数段に重なった花穂。花冠は紅紫色で長さ 17〜20 mm，上唇は中部で曲がって先はくちばし状に尖り，長さ 7〜9 mm。下唇は広く開いてなかばまでほぼ同形の3 片に裂ける。開花期は 6〜8 月。和名は「四葉塩釜」。シオガマの語源には納得できるものはない。

　亜種や変種を認めることも多いが，ここでは和名ヨツバシオガマで種全体を指す広い意味とする。本州北部〜北海道，千島列島・カムチャツカ半島・アリューシャン列島に分布。

ID3-7　ツリガネニンジン *Adenophora triphylla* (Thunb.) A.DC. var. *japonica* (Regel) H.Hara（キキョウ科）【p. 33 中 2 茎】

　山野に普通に見られる多年草だが全体の大きさや葉の形，花冠の色などに変異がある。本変種は茎の高さ 40〜100 cm，茎生葉は 3〜4 輪生。葉の形は卵状楕円形，長楕円形，ときに披針形。がく裂片は線形で長さ 3〜5 mm，縁に小鋸歯がある。花冠は鐘形で長さ 15〜20 mm。開花期は 7〜9 月。和名は「釣鐘人参」の意味で，ツリガネは花の形から，ニンジンは根が朝鮮ニンジンに似ることから。九州〜北海道，千島列島（南）・サハリンに分布する。本植物画では，茎葉のみの個体が描かれている。

ID4-8　ミネズオウ *Loiseleuria procumbens* (L.) Desv. （ツツジ科）【p. 4 左上】

　高山の岩礫地に生え，地上を這う常緑の小低木。葉は対生につき革質で狭長楕円形，長さ 6〜10 mm，幅 2〜3 mm，縁は裏にめくれ，中軸以外の裏面は密毛。枝先に 2〜5 花を散形状につけ，上向きの花冠は白色で赤みをおび，鐘形で 5 中裂する。葯は楕円形で，縦に裂開。子房は赤褐色，球形で 2 室からなる。さく果は卵形で胞間裂開。開花期は 6〜8 月。和名は「峰蘇芳」で，蘇芳はイチイをさし，葉がイチイの葉に似ることからつけられたという。北半球の寒帯や高山に広域分布する北方種で，日本では本州中部〜北海道に分布する。

ID4-9　キバナノコマノツメ *Viola biflora* L. （スミレ科）【p. 4 右上】

　高山の湿草原に生える高さ 5〜20 cm の多年草。根出葉は少数で柄は長さ 2〜10 cm，葉身は鮮緑色，腎円形で先は円く，基部は深い心形で幅 1.5〜3.5 cm。縁に波状の鋸歯がある。茎にはまばらに 3〜4 個の葉がつき，葉身は腎円形で先が円く，基部は深い心形。花は黄色で小型，花弁は長さ 7〜10 mm，側弁は無毛で距は極めて短い。開花期は 6〜7 月。和名は「黄花の駒の爪」で，黄色花で葉の形が馬の蹄（駒の爪）に似ることから。北半球の亜寒帯に広域分布する北方種。日本とその周辺では九州〜北海道，千島列島・サハリン・カムチャツカ半島で見られる。

ID4-10　チシマアマナ *Lloydia serotina* (L.) Rchb. （ユリ科）【p. 4 左下】

　高山の乾いた岩地に生え，地中に外皮鱗茎があり花茎の高さ 7〜15 cm の多年草。根出葉は普通 2 枚あり，長さ 7〜20 cm，幅 1 mm。2〜4 枚の茎生葉がある。花は花茎先端に 1 個つけ白色。花被片は 6 枚，狭い長楕円形で長さ 10〜15 mm，基部に黄赤色の腺体がある。雄しべは花被片より短い。開花期は 6〜7 月。和名は「千島甘菜」。本州中部〜北海道，千島列島・サハリン・朝鮮半島・中国・ヒマラヤ・北米・ヨーロッパなど，北半球の寒帯に広く分布する。

ID4-11　タカネグンバイ *Noccaea cochleariformis* (DC.) Á. et D.Löve　（アブラナ科）【p. 4 右下】

　高山帯の砂礫地や岩礫地に生える多年草。全草無毛で高さ 8〜20 cm になる。根出葉は長い柄があり楕円形で，長さ 2〜4 cm。茎生葉は卵形〜広

楕円形で，基部は尖った矢じり形となり，長さ6〜12 mm。白色の花が総状花序につき，花弁は4枚で倒卵形。短角果は倒長卵形で長さ7〜8 mm。開花期は5〜7月。和名は「高嶺軍配」で，生育立地と果実の形が相撲の軍配に似ることから。タカネグンバイ属は世界に80種で，日本には本種ただ1種，北海道の固有種。

ID5-12 **タカネナデシコ** *Dianthus superbus* L. var. *speciosus* Rchb. （ナデシコ科）【p. 35】

高山の岩地などに生える高さ15〜40 cmの無毛の多年草。エゾカワラナデシコの高山型の変種とされる。葉は対生し線形〜披針形で粉白色をおび，長さ3〜9 cm，基部は茎を抱く。花は茎頂に数個つく。苞は1〜2対あり，がくは円筒形で長さ2.5 cm前後と短い。花は直径5 cmほどで，5枚の花弁は紅色で先は深く切れ込む。開花期は7〜9月。和名は「高嶺撫子」。本州中部・北海道，中国東北部・朝鮮・ヨーロッパに分布する。本種はID55-85（p. 34）にも植物画がある。本植物画では緑色系の色のみがつけられている。ID55-85も参照のこと。

ID6-13 **ミヤマキンバイ** *Potentilla matsumurae* Th.Wolf （バラ科）【p. 6 上】

高山帯の岩礫地や草原に生える茎の高さ10〜20 cmの多年草。葉は3小葉からなり，小葉は倒卵形で長さ1.5〜3 cm，縁に粗い鋭鋸歯がある。花茎に数個の黄色花をつけ，径約20 mm，花弁は倒卵形で先は少しくぼむ。がく片は狭卵形で，副がく片も同形。雄しべは20個，花床には短毛がある。そう果は卵形で平滑。花柱は糸状。開花期は6〜8月。和名は「深山金梅」の意味で，生育地と花の様子から。済州島，本州中部〜北海道，千島列島（南・中）・サハリン（南・中）に分布する。ID57-87（p. 7）も参照のこと。

ID6-14 **モイワナズナ** *Draba sachalinensis* (F. Schmidt) Trautv. （アブラナ科）【p. 6 下】

山地の岩場に生え，茎の高さ10〜30 cmになる多年草。茎葉ともに単毛と2分毛を混生する。根出葉はロゼット状，茎生葉は少なく1〜3個，倒披針形〜倒卵形または卵形で，縁に粗鋸歯があり，長さ2〜3 cm，幅5〜8 mm。12〜20個の白色花が密に短い総状花序につく。花弁は白色で倒卵形，長さ6〜8 mm。短角果は広披針形〜披針形で弓状に曲がり長さ8〜15 mmでしばしばねじれる。開花期は4〜6月。和名は「藻岩薺」。藻岩は札幌近郊の藻岩山から。本州中部・北海道，サハリンに分布する。

ID7-15 **ヤマハナソウ** *Saxifraga sachalinensis* F.Schmidt （ユキノシタ科）【p. 14 左上】

湿った岩上に生える多年草。地際に生える多数の長円形〜卵形の根出葉は肉質で軟腺毛に覆われ，特徴的。葉基部は急に狭まり柄状となり，葉身の縁に不揃いの鈍鋸歯がある。花茎は高さ10〜40 cmと変化が大きい。花序は円錐状で多数の花をまばらにつける。花弁は白色，倒卵形で長さ3〜4 mm，基部にごく短い爪があり，花時に開出する。雄しべは10本で長さ4 mm，直立。さく果は長さ4〜6 mmで，上部はほぼ平開する。開花期は5〜7月。和名は「山鼻草」。札幌市の山鼻というあたりに多かったため。北海道，千島列島（南）・サハリンに分布。

ID7-16 **レブンアツモリソウ** *Cypripedium macranthos* Sw. var. *rebunense* (Kudô) Miyabe et Kudô* （ラン科）【p. 14 右下】

礼文島の海岸近くの明るい草原に生える，高さ30〜40 cmの多年草。茎に微縮毛がある。葉は3〜4枚が互生し長楕円形，長さ8〜20 cm，幅5〜8 cm，基部は短い鞘状となり茎を抱く。茎頂に球形で径3〜5 cmのクリーム（黄白）色の花を1個つける。まれに完全な白色花もある。唇弁は大きな袋状で上部に開口部がある。開花期は5〜6月。和名は「礼文敦盛草」。唇弁を平敦盛の母衣に見立てた。ホテイアツモリソウの黄白色花個体ともされる。礼文島のみに見られ，数千個体生えている。礼文島の固有変種とするのがよい。

ID8-17 **カラフトマンテマ（チシママンテマ）** *Silene*

repens Patrin （ナデシコ科）【p. 41 右下】
　山地や高原に生える高さ 10〜50 cm の多年草。茎に短毛があり葉は線状披針形で柄がなく，葉身は長さ 2〜7 cm，幅は 2〜15 mm まで大きく変化し，縁毛がある。花は枝の先端に数個つき，がくは筒状，上部は歯状に 5 裂し，長さ 1.2〜1.5 cm。花弁は白色〜淡紅色で 5 枚，先は 2 中裂，口部の内側に 1 対の鱗片がある。雄しべは 10 本，花柱は 3 個。開花期は 6〜7 月。和名は「樺太マンテマ」，「マンテマ」については確かな語源は見あたらない。ヨーロッパ〜東北アジアまで広く分布し，日本周辺では北海道，千島列島・サハリン・中国・朝鮮半島・アムール・オホーツク・カムチャツカ半島などに分布。

ID8-18　ヤエミヤマキンポウゲ Double flowered form (f. *plenus*) of *Ranunculus acris* L. subsp. *nipponicus* (H.Hara) Hultén　（キンポウゲ科）【p. 41 左上】
　高山草原に生える，高さ 10〜50 cm の多年草。全体に粗い毛がある。根出葉の葉身は幅 2.5〜8 cm で 3〜5 中〜深裂して，裂片はさらに 2〜3 裂して両面に伏毛が多い。花は径約 2 cm で，がく片は長さ約 6 mm，舟形で外面に長毛。花弁の表面には光沢。本画は八重花個体である。開花期は 6〜8 月。和名は「八重深山金鳳花」。種としては北半球全域の温帯〜寒帯に分布し，変種は本州〜北海道に分布。本品種は夕張〜日高山系に見られる。

ID9-19　レブンソウ *Oxytropis megalantha* H.Boissieu （マメ科）【p. 50】
　礼文島の海岸近くの岩礫地や草原に生え，全体に絹毛を密生する多年草。根出葉は長さ 5〜13 cm で，奇数羽状複葉，8〜11 対の小葉がある。小葉は長楕円形〜長卵形で，やや厚質で鋭頭，長さ 1〜2 cm，幅 5〜8 mm。花茎は高さ 10〜20 cm で紅紫色花が総状に 5〜15 個つく。花は長さ約 2 cm。豆果は狭卵形，長さ 2 cm ほどでふくらみ，黄褐色の毛が密生。開花期は 6〜7 月。和名は「礼文草」で，産地名のみがついた植物名，北海道での同様の例として「利尻草」，「日高草」などがある。礼文島の固有種。

ID10-20　ヒメイズイ *Polygonatum humile* Fisch. ex Maxim.　（キジカクシ科）【p. 42 下】
　山地や海岸に生え，高さ 20〜50 cm になる多年草。根茎は細く節間が長い。茎には稜角がある。葉は長楕円状披針形で長さ 4〜7 cm，縁や裏面の脈上に小突起があり，裏面は粉白をおびない。花は葉腋に 1〜2 個が下垂する。花筒は淡黄緑色で長さ 15〜20 mm，先は 6 裂。雄しべは 6 個で，花糸に乳頭状突起がある。液果は径 8〜9 mm，黒紫色に熟す。開花期は 6〜7 月。和名は「姫萎蕤」。萎蕤は近縁種のアマドコロの漢名で，その小型の可愛いものという意味。九州〜北海道，千島列島（南・中）・サハリン・朝鮮半島・中国東北部・シベリア東部に分布。

ID10-21　イワツツジ *Vaccinium praestans* Lamb.（ツツジ科）【p. 42 上】
　山地〜ハイマツ帯の尾根筋や明るい樹林下，針葉樹林の林縁などに生える，高さ 1〜4 cm の落葉性矮小低木。茎頂に長さ 3〜6 cm の広卵形〜広楕円形の葉が 2〜4 枚互生につく。葉縁に毛状の細かい鋸歯がある。前年枝先端近くの腋芽から 1〜3 個の花をつける。花冠は長さ 6〜7 mm，筒状鐘形，白色で赤みを帯び先は 5 裂する。雄しべは 10 本，葯は先がのびて開孔，背面に 2 個の小突起がある。果実は鮮赤色で球形，径約 1 cm。開花期は 6〜7 月。和名は「岩躑躅」。北海道，千島列島・サハリン・カムチャツカ半島・ウスリーに分布する。

ID11-22　ホザキイチヨウラン *Malaxis monophyllos* (L.) Sw.　（ラン科）【p. 25】
　山地の林内や岩場に生える花茎の高さ 15〜30 cm の多年草。葉は地表近くに 1（〜2）枚，広卵形で長さ 4〜8 cm，幅 3〜5 cm，鈍頭，基部は急に細くなる。多数の小型の淡緑色花を密に総状につける。がく片は披針形で長さ 2.5 mm。側花弁は線形で鈍頭，がく片と同長。唇弁もがく片と

同長で，上半分は急に突き出し，下半部は腎円形で基部近くの両縁に肉質の裂片がある。開花期は7〜8月。和名は「穂咲一葉蘭」で，植物の外形から。四国〜北海道，千島列島・サハリン・カムチャツカ半島・シベリア・中国・ヒマラヤ・ヨーロッパ・北米などに広域分布する種。

ID12-23 チシマクモマグサ *Saxifraga merkii* Fisch. ex Sternb. var. *merkii* （ユキノシタ科）【p. 15 上】

　高山帯の湿った岩礫地に生える花茎の高さ3〜8 cm の多年草。根出葉は倒卵形〜長楕円形でやや多肉質，表面に粗い毛を散生し，縁に長腺毛がある。花茎にも腺毛を密生し，茎頂に1〜4花をつける。花は直径1.3 cm くらい，花弁は平開して白色，斑点がなく，広卵形で鈍頭。基部は急に細くなり爪状となる。雄しべは10本。さく果は広卵形で長さ6〜7 mm。開花期は7〜8月。和名は「千島雲間草」。北海道，千島列島・カムチャツカ半島・シベリアなどに分布。図記載文に出てくる和名エゾノクモマグサは現在，夕張岳特産の *S. nishidae* にあてられる。

ID12-24 クモマユキノシタ（ヒメヤマハナソウ） *Saxifraga laciniata* Nakai et Takeda （ユキノシタ科）【p. 15 下】

　高山帯の湿った岩礫地に生える多年草。腺毛を密生した花茎は高さ5〜10(20) cm。根出葉は倒披針形で長さ1〜5 cm，上部の縁に欠刻状狭披針形で鋭頭の鋸歯があり，基部はくさび形。白色の花弁は長円形で下部に黄点が2つあり基部の左右は耳状となり基部は細い柄の爪状となる。雄しべは10本，裂開前の葯は濃赤色。さく果は卵形で長さ5〜7 mm，上部は斜開する。開花期は7〜8月。和名は「雲間雪下」。生育立地の環境を示している。北海道（大雪山・日高・夕張），サハリン・朝鮮半島北部に分布。

ID13-25 コケモモ *Vaccinium vitis-idaea* L. （ツツジ科）【p. 56 上・左中】

　海岸近く〜亜高山までの岩礫地，林縁，湿原などさまざまな立地に生え，茎下部は地を這い，上部は斜上して高さ5〜15 cm になる常緑の小低木。互生につく葉は革質で長楕円形，長さ8〜25 mm，幅5〜12 mm。枝先に3〜8花を短い総状花序につけ，白色で赤みを帯びる花冠は鐘形で先は4裂，長さ約6 mm。雄しべは8本，葯は先が筒状にのびて開孔，背面に付属体はない。果実は赤く球形で径5〜7 mm。開花期は6〜7月。和名は「苔桃」。苔のように地面に這い，果実が桃のようだから。北半球の寒帯に広域分布する種で，日本では九州〜北海道の高山にやや普通に分布。

ID13-26 チシマキンレイカ（タカネオミナエシ）*Patrinia sibirica* (L.) Juss. （スイカズラ科）【p. 56 下】

　高山の岩礫地や草原に生える，高さ7〜15 cm の多年草。根出葉はさじ形で長柄があり，羽状に中〜深裂し，茎に対生する葉は羽状全裂。花は黄色で多数が集散花序につく。花序の枝は片側に白毛が生える。花冠は径4 mm で先は5裂し，距はない。雄しべは4本。果実は楕円形で長さ4 mm。開花期は6〜8月。和名は「千島金鈴花」。地名と黄色い花の様子から。別名は「高嶺女郎花」で立地環境と属名から。北海道，千島列島・サハリン・シベリア東部に分布。

ID14-27 ムカゴトラノオ *Bistorta vivipara* (L.) Delarbre （タデ科）【p. 57 左】

　極地〜高山帯に生え，高さ5〜30 cm の直立した茎をもつ多年草。根出葉には長柄があり葉身は広楕円形〜披針形，基部は心形〜くさび形，長さ1〜12 cm。茎生葉は小さく柄はない。花序は細長く，長さ2〜10 cm で，下部の花はむかごになる。花冠状のがくは白色〜淡紅色で5全裂。雄しべは8本，がくより少し長い。そう果は普通3稜形，暗褐色で長さ約3 mm。開花期は7〜8月。和名は「珠芽虎尾」。花序の様子から。周北極地域〜ヒマラヤに広域分布する種，日本周辺では本州中部〜北海道，千島列島・サハリン・カムチャツカ半島に見られる。

ID14-28 シロウマアサツキ *Allium schoenoprasum* L. var. *orientale* Regel （ヒガンバナ科）【p. 57 右】

高山の岩礫地や草原に生える高さ30〜50 cmの多年草。地下に狭卵形の鱗茎がある。葉は円筒形で長さ15〜40 cm，径3〜5 mm。茎頂に球形〜半球形の花序をつくる。花被片は6枚，雄しべも6本。基準変種エゾネギに比べると，本変種では花披片がより小さい。別変種ヒメエゾネギに比べると葉の径がより太く，雄しべがより長い。開花期6〜8月。和名は「白馬浅葱」。種としてはヨーロッパから東北アジアまで広く分布する。本変種は，本州中部・北海道，サハリン・朝鮮半島・シベリア東部に見られる。

ID15-29 **エゾカラマツ** *Thalictrum sachalinense* Lecoy.（キンポウゲ科）【p. 5】

開けた草原に生える多年草。全体に毛や腺毛はない。茎は50〜80 cmになり茎生葉は2〜3回3出複葉。花序は散房状で多数の白花がつく。そう果は8〜15個つき，果体は卵形で長さ約4 mm，隆起する8本の稜があるが翼はない。果柄はほとんどないか短柄。ハルカラマツに似るが，花柱はより長く先が巻き，托葉の切れ込みが目立たず，小托葉がある。開花期は6〜8月。和名は「蝦夷唐松」。唐松は，多数の雄しべが放射状に開出する様が，カラマツの葉を思わせるためという。北海道，千島列島（南）・サハリン・朝鮮半島北部に分布する。

ID16-30 **エゾツツジ** *Therorhodion camtschaticum* (Pall.) Small（ツツジ科）【p. 58 上・右下】

高山の岩礫地や草原に生える，茎下部が地を這い，上部が斜上して高さ10〜30 cmになる落葉小低木。葉は倒卵形で長さ2〜4 cm，幅1〜2 cm。鋸歯はなく，葉縁や両面に粗い毛がある。枝の先に濃紅紫色花を1〜3個つける。各花には葉状の1枚の苞と倒披針形の2枚の小苞とがある。がく片は5，花柄とともに粗い毛と腺毛がある。花冠は皿形で5裂し，径2.5〜3.5 cm。雄しべは10本。さく果は長卵形。開花期は6〜8月。和名は「蝦夷躑躅」。本州北部〜北海道，千島列島・カムチャッカ半島・アラスカ・シベリアなど北太平洋地域に分布する種。

ID16-31 **ナガバツガザクラ** *Phyllodoce nipponica* Makino subsp. *tsugifolia* (Nakai) Toyok.（ツツジ科）【p. 58 左下】

高山の岩地に生える高さ10〜20 cmになる常緑小低木。茎下部は地を這い，上部は斜上する。葉は線形で縁にまばらな微鋸歯があり，長さ7〜12 mm，幅約1.5 mm。茎頂に2〜6個の横向きの白色〜淡紅色花をつける。花柄は長さ2.5〜3 cmで腺毛があり，がく片は紫紅色で，狭卵形，長さ約3 mm。花冠は鐘形で長さ5〜7 mm，先が浅く5裂する。開花期は7月。和名は「長葉栂桜」。東北地方北部〜北海道に分布する亜種。四国〜東北中部まで分布する基準亜種ツガザクラは葉の長さ，がく片ともにより短い。

ID17-32 **ヨコヤマリンドウ** *Gentiana glauca* Pall.（リンドウ科）【p. 3 上】

高山の岩礫地などに生える茎の高さ5〜10 cmの多年草。根出葉，茎生葉ともに楕円形〜長楕円形で先は円く，対生し，長さ8〜15 mm。茎頂に1〜少数花がつき，花冠は暗青紫色で長さ2 cm内外，裂片はほとんど平開しない。開花期は7〜8月。和名は「横山竜胆」。北海道（大雪山），千島列島・オホーツク沿岸・カムチャッカ半島・北米西部に分布。植物画記載文にある「タカネリンドウ」は，本州産の別属別種であるシロウマリンドウの別名で本植物画とは合わない。本植物画の花色は本種にしてはやや明るすぎる。

ID17-33 **エゾオヤマリンドウ** *Gentiana triflora* Pall. var. *japonica* (Kusn.) H.Hara f. *montana* (H.Hara) Toyok. et Tanaka（リンドウ科）【p. 3 下】

基準変種にあたるエゾリンドウは冷温帯の山地や湿草原に生える多年草。高さ10〜80 cmになり変異が大きい。葉は披針形で長さ6〜10 cm，対生，葉柄はなく裏面は粉白をおびる。花は上部の葉腋や茎頂に5〜20個つき，花冠は青紫色で長さ3〜5 cm，裂片は平開。エゾオヤマリンドウはこの高山型品種で，茎の高さが低く，花が茎頂のみにつく。開花期は8〜9月。和名は「蝦夷御山竜胆」。基準変種は本州中部以北・北海道，千島

列島(南)・サハリンに分布し，本品種は北海道のみに分布する固有分類群。

ID18-34 **チングルマ** *Sieversia pentapetala* (L.) Greene （バラ科）【p. 36 左上】
　高山帯の湿草原に群生する匍匐性の小低木。葉は7〜9枚の小葉からなる羽状複葉。小葉は狭倒卵形，鋭頭で，革質で光沢があり，長さは6〜15 mm，縁に不揃いな切れ込みと鋸歯がある。花茎は高さ10〜20 cm。白色花が1個頂生し，花は直径2〜3 cm，花弁は5枚。花柱は果実期に著しくのびて長さ3 cmにもなり羽毛状になる。開花期は6〜8月。和名は「稚児車」が転訛したとされ，元々は果実の形を表現したとされる。本州中北部・北海道，千島列島・サハリン・カムチャツカ半島・アリューシャン列島に分布。

ID18-35 **ミツバオウレン** *Coptis trifolia* (L.) Salisb. （キンポウゲ科）【p. 36 右上】
　亜高山〜高山帯の針葉樹林下や湿原に生える多年草。根出葉は3出複葉。小葉は倒卵形でほとんど無柄，浅い切れ込みと不揃いの鋸歯がある。花茎は高さ5〜10 cmで，1個の花を頂生する。白色の花は上向きに開き直径7〜10 mm，白い花弁状に見えるのはがく片で，花弁は黄色い小さなさじ状で，どちらも4〜5枚ある。袋果はほぼ卵形で長さ3〜8 mm，柄が4〜7 mmある。開花期は6〜7月。和名は「三葉黄連」で，葉と生薬名から。北半球の亜寒帯〜寒帯に広域分布する種で，日本周辺では本州中部〜北海道，千島列島・サハリン・カムチャツカに分布する。

ID18-36 **イワウメ** *Diapensia lapponica* L. subsp. *obovata* (F.Schmidt) Hultén （イワウメ科）【p. 36 下】
　細い茎が地上を這いマット状に広がる常緑小低木。葉は革質で厚く光沢があり，へら状で長さ6〜15 mm，幅3〜5 mm。枝先に長さ1〜2 cmの花柄を立て1花をつける。花は白色で黄色味をおび，花冠は鐘形で5裂し，裂片は開出，径1 cmほど。さく果は球形で径約3 mm。開花期は6〜7月。和名は「岩梅」で，岩場に生える梅のような花という意。種としては北半球寒帯に広く分布するが，本亜種は葉の幅がより広いとされ，本州中部〜北海道，千島列島・サハリン・カムチャツカ半島・アラスカに分布。

ID19-37 **ミヤマホツツジ** *Elliottia bracteata* (Maxim.) Hook.f. （ツツジ科）【p. 51】
　亜高山の尾根筋など日当たりのよいところに生える，高さ30〜50 cmの落葉小低木。若枝は無毛。葉は倒卵形で長さ1〜5 cm，幅0.7〜2 cm，下部は次第に狭くなり長さ1〜2 mmの柄に流れ，両面とも無毛。枝先に3〜20花からなる総状花序をつける。苞は葉状で長さ3〜10 mm。がく片は狭長楕円形で長さ3〜6 mm。花弁は3枚で反り返り，赤みのある緑白色，長さ約1 cm。雄しべは6本。さく果は扁球形。苞葉やがく片が葉状で目立つのがホツツジとのよい区別点。開花期は7〜8月。和名は「深山穂躑躅」。生育立地と花序の様子から。本州中部〜北海道，千島列島(南・中)まで分布。

ID20-38 **コメツツジ** *Rhododendron tschonoskii* Maxim. （ツツジ科）【p. 54 上】
　山地〜亜高山の岩地や稜線に生え，高さ1 mになる半落葉性低木。若枝や葉柄に扁平な剛毛が密生。葉柄は長さ0.5〜1 mm。春葉は楕円形で長さ1〜2.5 cm，幅0.5〜1 cm。夏葉は長楕円形〜倒披針形で長さ5〜8 mm，幅1.5〜3 mm。枝先に1〜3花をつけ，花冠は白色やや肉質で漏斗形。径約8 mmで，4〜5中裂，裂片は開いて，筒部内面に軟毛がやや密に生える。雄しべは4〜5本，花外へ長くのびる。さく果は狭卵形，褐色の長毛が密生する。開花期は7月。和名は「米躑躅」。花あるいは蕾が米粒のように白くて小さいことからついたという。九州〜北海道，千島列島(南)・朝鮮半島南部に分布。

ID20-39 **ミヤマキンポウゲ** *Ranunculus acris* L. subsp. *nipponicus* (H.Hara) Hultén （キンポウゲ科）【p. 54 左下】
　高山草原に生える，高さ10〜50 cmの多年草。

ID8-18（p.41左上）のヤエミヤマキンポウゲの解説と，八重花という点を除けば同じ。

ID20-40　ホソバイワベンケイ Rhodiola ishidae (Miyabe et Kudô) H.Hara　（ベンケイソウ科）【p. 54右下】

　ID39-67（p.55）にもある。高山の風しょう岩礫地に生える多年草。雌雄異株。花茎は高さ7〜25 cm。茎生葉は無柄で倒披針形〜線状倒披針形，長さ1.2〜5 cm，幅4〜10 mm，上半部にそろった鈍鋸歯があり，基部はくさび形。茎頂の花序は密集した集散花序，花は4数性。花弁は淡黄緑色，線形〜狭楕円形，長さは雄花で3〜4 mm，雌花で2.2〜2.7 mm，袋果は長さ10〜14 mmで直立し先はやや斜開する。開花期は7〜8月。和名は「細葉岩弁慶」で，葉が細く，乾燥した岩場に生育する強い姿を弁慶に見立てた。本州中部〜北海道に分布。ID39-67も参照のこと。

ID21-41　チシマゼキショウ Tofieldia coccinea Richards. var. coccinea （チシマゼキショウ科）【p. 52上】

　高山の岩礫地や草原に生える花茎の高さ5〜15 cmの多年草。根出葉は線状鎌形で長さ3〜8 cm，花茎頂に短い総状花序がつく。花は開出または斜め下向きに開く。花柄はごく短い。花被片は長楕円形で長さ2〜3 mm，白色からわずかに帯紫色。雄しべは花被片と同長，葯は黄褐色。さく果は球形で径3 mm，斜め下向きにつく。開花期は6〜8月。和名は「千島石菖」。「石菖」は葉がショウブ科のセキショウに似ていることから。北半球の高山や寒冷地に広域分布する種で，いくつかの地方変種が報告されている。

ID21-42　チシマノキンバイソウ Trollius riederianus Fisch. et C.A.Mey.　（キンポウゲ科）【p. 52下】

　高山帯のやや湿った草原に生える高さ20〜80 cmの多年草。葉身は円心形で3全裂し，側裂片はさらに2深裂し，各裂片には欠刻や鋸歯がある。花は径約4 cm，花弁状のがく片はオレンジ色で5〜14枚あり，長さ2〜3 cm。花弁は線形で目立たず，雄しべと同長。袋果は15個前後。開花期は7〜8月。和名は「千島金梅草」。生育地の千島列島と花の様子から。北海道（中・東），千島列島・アムール・オホーツク・カムチャツカ半島・アリューシャン列島などオホーツク地方に分布。

ID22-43　キクバクワガタ Veronica schmidtiana Regel subsp. schmidtiana　（オオバコ科）【p. 38左上】

　海岸〜高山の岩場や礫地に生える高さ8〜20 cmの多年草。葉はやや厚みがあり長狭卵形で羽状に中〜深裂する。花は穂状に多数つき，花冠は花弁状に4深裂して径8〜10 mm。2本の雄しべが長く突き出る。開花期は5〜7月。和名は「菊葉鍬形」で，葉と花の様子から。種としてのキクバクワガタ（V. schmidtiana）の中には多くの亜種・変種・品種が認められ，北海道には他にもエゾミヤマクワガタ（エゾミヤマトラノオ），アポイクワガタなどがある。

ID22-44　エゾウスユキソウ Leontopodium discolor Beauverd　（キク科）【p. 38右下】

　海岸〜亜高山の岩場に生える，茎の高さ13〜33 cmの多年草。全体に白い綿毛がある。根出葉は倒披針形で長さ3.5〜8 cm，茎生葉は10〜20枚互生し，中部の葉は倒披針形。星状の苞葉群は径2.5〜6 cm，頭花は5〜22個が密生する。総苞は径6 mm。そう果は長さ1 mm，4肋がある。開花期は6〜8月。和名は「蝦夷薄雪草」で，植物体の綿毛の印象から。北海道，サハリンに分布する種。礼文島のものにはレブンウスユキソウの通俗名があるが，分類学的に異なるわけではない。

ID23-45　ヒメハナワラビ Botrychium lunaria (L.) Sw.　（ハナヤスリ科）【p. 12左下】

　山地〜高山の岩場や草原に生える夏緑性の草本シダ。根茎は短く，細い円柱状で，年に1枚の葉を出す。栄養葉は卵形〜長卵形で円頭，単羽状で長さ1.5〜6 cm，幅0.7〜2.5 cm，羽片は3〜5対あり扇形でほとんど無柄。胞子葉は穂状〜円錐状，

長さ 1.5〜6 cm，幅 0.8〜2.5 cm，球状の胞子嚢が密につく。胞子にこぶ状の隆起が密にある。和名は「姫花蕨」。胞子葉が全体として円錐花序のように見えるため花蕨の名前がついたのだろう。両半球の温帯に広く分布，日本周辺では，本州〜北海道，千島列島・サハリン・カムチャツカ半島に分布。

ID23-46 サマニユキワリ *Primula modesta* Bisset et S.Moore var. *samanimontana* (Tatew.) Nakai* （サクラソウ科）【p. 12 上・右下】

九州〜本州中部に分布するユキワリソウの別変種。葉が広く広卵形または楕円形で，下部が急に狭くなって柄状になり，葉の縁が裏側に多少とも強く反り返り，不明瞭な波状の葉牙がある変種ユキワリコザクラに似るもので，より葉が楕円形〜披針形で縁が強く反り返るものを特に変種サマニユキワリとすることがある。ここではこれを暫定的に認める。開花期は 5〜6 月。和名は「様似雪割」で，産地と開花期から。北海道日高地方アポイ岳周辺に分布する固有変種。

ID24-47 イワギキョウ *Campanula lasiocarpa* Cham. （キキョウ科）【p. 53 上】

高山の砂礫地に生える高さ 4〜10 cm になる多年草。チシマギキョウに似るが根出葉の縁にはわずかに小歯牙があり，草質で光沢がない。根出葉の葉身はへら形で，長さ 1.5〜5 cm，幅 4〜8 mm。がくは下部が筒状で子房と合着し，上部は 5 裂し，がく裂片は広線形で縁には歯牙がある。花冠は青紫色で，長さ 2〜2.5 cm で先の 1/4 程度は 5 裂に裂け，裂片の縁や内面に毛はない。柱頭は 3 裂する。開花期は 7〜9 月。和名は「岩桔梗」。チシマギキョウと同様に北太平洋地域に広く見られ，日本では本州中部〜北海道に分布。

ID24-48 レブンサイコ *Bupleurum ajanense* (Regel) Krasnob. ex T.Yamaz. （セリ科）【p. 53 下】

亜高山〜高山の岩礫地や草原に生える高さ 5〜15 cm の多年草。根出葉はへら形で基部は細まり，茎葉は広披針形で基部はなかば茎を抱く。葉脈が平行なのはよい特徴。茎頂に複散形花序をつけ，小散形花序には 10 数個の小花をつける。総苞片は 1〜3 枚で卵形〜楕円形，小総苞片は卵形で 5 枚。果実は卵状楕円形。開花期は 7〜8 月。和名は「礼文柴胡」。柴胡は生薬名で，セリ科ミシマサイコ属の根。北海道，千島列島・サハリンからカムチャツカ半島・シベリアなどに分布。

ID25-49 シコタンハコベ *Stellaria ruscifolia* Pall. ex Schltdl. （ナデシコ科）【p. 24 左上】

海岸〜高山の岩礫地や崖に生える無毛の多年草。高さ 7〜17 cm になり，葉は無柄で長卵形〜卵形，革質で緑白色，長さ 1〜3 cm，幅 7〜12 mm，先は鋭尖形で基部は円形〜心形。花は頂生あるいは腋生し，花柄は長さ 4〜6 cm，花弁は白色で 2 中裂し，長さはがくの 1.5〜2 倍。雄しべは普通 10 本。花柱は 3〜4 個で，さく果はがくとほぼ同長。開花期は 7〜8 月。和名は「色丹繁縷」。「色丹」は産地である千島列島の色丹島から，「繁縷」は「はびこる」とか「繁茂する」という意味から転化。本州中部〜北海道，千島列島・サハリン・アムール・オホーツク・カムチャツカ半島に分布。

ID25-50 イワブクロ（タルマイソウ）*Pennellianthus frutescens* (Lamb.) Crosswh. （オオバコ科）【p. 24 右下】

高山の砂礫地や岩場に生え，高さ 5〜20 cm になる多年草。大きな株をつくる。葉は対生して肉質，卵状長楕円形で，長さ 4〜7 cm，幅 1.5〜3.5 cm，鋸歯縁。茎頂に 5〜15 花をやや密につける。がくは鐘形で腺毛と長毛が生える。花冠は淡紅紫色で筒形，外面に長毛が生え，長さ 2〜2.5 cm。さく果は卵形で長さ 10〜13 mm。開花期は 6〜8 月。和名は「岩袋」で，岩場に生えて袋状の花をもつ植物という意。北海道では「樽前草」がよく使われる。本州北部〜北海道，千島列島・サハリン・カムチャツカ半島・東シベリア・アリューシャン列島に分布。

ID26-51 リシリヒナゲシ *Papaver fauriei* (Fedde)

Fedde ex Miyabe et Tatew.（ケシ科）【p. 48 左上】

　高山の火山砂礫上に株状に生え，花茎の高さ10〜20 cmの多年生草本。全体に粗い毛がある。葉は多数根生，柄があり，葉身は羽状に全裂し，下方の裂片はさらに2〜4裂する。花弁は黄色で長さ約2 cm。さく果は長さ幅ともに約1 cmでほぼ球形，粗毛がある。開花期は6〜8月。和名は「利尻雛芥子」。利尻島のみに分布する固有種。チシマヒナゲシによく似ており，後者で花や果実のサイズがより大きい傾向があるくらいしか違いがない。同一種である可能性もあり，遺伝的な比較研究が必要である。

ID26-52　**チシマイワブキ** *Saxifraga nelsoniana* D. Don var. *reniformis* (Ohwi) H.Ohba （ユキノシタ科）【p. 48 右下】

　高山の岩礫地に生える，花茎の高さ5〜25 cmの多年草。根出葉には長柄があり，葉身は円腎形で，長さ2〜4 cm，幅3〜6 cm，そろった鋭形の鋸歯があり基部は心形。花序は散房状で多数の花をやや密につけ，花軸と花柄に多細胞の細毛。花弁は白色，楕円形〜楕円状倒披針形，基部は細まり爪状，長さ約3 mmで平開する。雄しべは10本で花弁とほぼ同長。開花期は7〜8月。和名は「千島岩蕗」。生育地や立地環境，葉の形から。北海道，千島列島・サハリン・カムチャツカ半島・アリューシャン列島・アラスカに分布。

ID27-53　**エゾタカネツメクサ** *Minuartia arctica* (Steven ex Ser.) Graebn. （ナデシコ科）【p. 40 下】

　高山帯の砂礫地に生える高さ5〜8 cmの多年草。葉は茎に密につき針形で長さ5〜20 mm。白色の花が茎頂に普通1個つき，がく片は線状長楕円形，3脈あり鈍頭，長さ4〜6 mm。花は直径1 cmほど，花弁は5枚で白色長倒卵形，先がやや2裂する。さく果は長さ8〜10 mm。開花期は6〜8月。和名は「蝦夷高嶺爪草」，ツメクサは鳥の爪のような葉という意味か。北半球冷温帯〜亜寒帯に広域分布，本州中部・北海道，千島列島（南）・サハリン（中・北）・カムチャツカ半島などに見られる。本州のものは花や葉が全体小型で，変種タカネツメクサとして分けられる。

ID27-54　**ミヤマタニタデ** *Circaea alpina* L. （アカバナ科）【p. 40 上】

　山地の湿った木陰に生える高さ5〜18 cmになる多年草。葉は3角状広卵形，縁に鋭鋸歯，基部は浅心形で長さ1〜4 cm，幅7〜30 mm。葉柄は長さ1〜2 cm。がく裂片は2枚で長楕円状卵形，帯紅色。花弁は2枚，白色，倒卵形で2裂し，がく裂片よりも短い。雄しべは2本で花弁と互生。果実は長倒卵形でかぎ状の刺毛があり，長さ2〜2.5 mm。開花期は7〜8月。和名は「深山谷蓼」。深山渓谷に生えるタデ様の葉という意。北半球の温帯〜寒帯に広く分布し，日本周辺では，九州〜北海道，千島列島・サハリン・カムチャツカ半島に見られる。

ID28-55　**ユウバリソウ** *Lagotis takedana* Miyabe et Tatew. （オオバコ科）【p. 17】

　茎の高さ10〜20 cmとなり茎頂に多数の白色花を穂状花序につける多年草。葉は肉質でつやがあり，卵形〜楕円形，基部は円形で，縁に波状の鈍鋸歯があり，長さ3〜8 cm，幅2〜5 cm。花冠は白色で長さ10 mm，上唇は長楕円形で先は3浅裂し，下唇は深く2裂し裂片は狭披針形でやや尖る。雄しべは花冠上唇の基部につく。開花期は6〜7月。和名は「夕張草」。ウルップソウの亜種とする見解もあったが，現在は北海道夕張岳の固有種と見なされることが多い。

ID29-56　**ウメバチソウ** *Parnassia palustris* L. （ニシキギ科）【p. 37 右下・左下】

　山地の日あたりのよい湿地に生える，花茎の高さ10〜50 cmの多年草。葉身は卵形または広卵形で基部は心形，長さ幅ともに1.5〜4 cm。花は直径2〜2.5 cm，花弁は5枚で白色，広卵形または楕円形，長さ1〜1.2 cm，花時には平開する。雄しべは10本で，花弁と対生する5本は仮雄しべとなる。仮雄しべは糸状に7〜22裂し，先端に小球状の黄色腺体がつく。開花期は8〜9月。和名は「梅鉢草」で，花の様子から。北半球の温

帯〜寒帯に広域分布する種で，日本周辺では九州〜北海道，台湾・東アジア北部・千島列島・サハリンなどに分布する。

ID29-57 **ユウバリツガザクラ** *Phyllodoce caerulea* (L.) Bab. f. *takedana* (Tatew.) Ohwi （ツツジ科）【p. 37 上・中下】

　エゾノツガザクラとアオノツガザクラの間に見られる，種間雑種群の1型。学名上はエゾノツガザクラの1品種となっている。花冠が上下につぶれた壺形が特徴。開花期は7〜8月。和名は「夕張栂桜」で，産地名と葉形，花より。

ID30-58 **ワサビ** *Eutrema japonicum* (Miq.) Koidz. （アブラナ科）【p. 10 下】

　清らかな渓流に生える高さ30〜40 cmの多年草。根茎は太い円柱形で多くの節がある。根出葉には長柄があり，葉身は円形で基部心形，縁に波状の鋸歯があり径6〜12 cm。白色の花は直径1 cmほどでまばらに総状花序につく。長角果は数珠状にくびれ，長さ1.5〜1.7 cm。開花期は4〜6月。和名は「山葵」とか「和佐比」と書かれるが，意味はよくわからない。属名自体が日本語由来の *Wasabia* とされていたこともある。九州〜北海道，千島列島（南）・サハリン（南）・朝鮮・台湾に分布するが，しばしば山間に植栽されるので，どこまでが野生なのか判断は難しい。

ID30-59 **ナンブイヌナズナ** *Draba japonica* Maxim. （アブラナ科）【p. 10 上】

　高山帯の蛇紋岩地に生える，茎の高さ5〜10 cmの多年草。全草に星状毛がある。葉は広倒披針形で長さ4〜15 mm，幅2〜6 mm，全縁か鋸歯縁。がく片は楕円形で鈍頭。花弁は黄色で広倒卵形，長さ4.5〜5 mm，先はくぼむ。短角果は楕円形〜倒卵状楕円形で，長さ3.5〜6 mm。無毛または短毛がある。開花期は6〜8月。和名は「南部犬薺」。「南部」は最初早池峰で見つかったことから。花の色はイヌナズナに似る。日本の固有種で，本州北部（早池峰）・北海道（夕張・日高）に分布する。

ID31-60 **ヒダカイワザクラ** *Primula hidakana* Miyabe et Kudô ex H.Hara （サクラソウ科）【p. 32】

　高山の沢沿いの岩場などに生える，高さ5〜12 cmの花茎をもつ多年草。根出葉には3〜7 cmの葉柄があり，葉身は円形〜腎円形でやや硬く，径2〜5.5 cm，基部心形で掌状に浅く7裂して不揃いの歯牙。花茎の先に1〜2花をつける。花冠はピンク色で花喉部が黄白色，高坏形で直径2.5 cm，筒部は長さ1 cm。さく果は長楕円状円柱形で長さ1〜1.3 cmで，がくのほぼ2倍ある。開花期は5〜6月。和名は「日高岩桜」。日高山脈に分布する固有種。葉柄や花柄に長毛が生えるものを変種カムイコザクラという。ID32-60・33-61 も参照のこと。

ID32-61 **ヒダカイワザクラ** *Primula hidakana* Miyabe et Kudô ex H.Hara （サクラソウ科）【p. 9】

　本種についてはID31-60（p. 32）やID33-62（p. 8）にも植物画が描かれている。本植物画では，花・葉を正面・側面など角度を変えて描いている。

ID33-62 **ヒダカイワザクラ** *Primula hidakana* Miyabe et Kudô ex H.Hara （サクラソウ科）【p. 8】

　本種についてはID31-60（p. 32），ID32-61（p. 9）に植物体全体像が描かれている。本植物画は，花冠の正面観の拡大図であり花冠裂片の脈が丁寧に描かれている。5裂片の先はくぼむ。花喉部に5本の雄しべがあるので，スラム（thrum）の花型である。逆に雌蕊の柱頭が花喉部に突き出，雄しべが花筒部の奥の位置に引っ込んだ花型をピン（pin）という。

ID34-63 **ヒダカソウ** *Callianthemum miyabeanum* Tatew. （キンポウゲ科）【p. 26】

　アポイ岳の蛇紋岩地帯に生える，高さ10 cm内外の多年草。根出葉は長柄があり，2回3出複葉。茎生葉は1〜3個。花は白色で茎頂に単生し径2 cm内外，がく片5枚，花弁は6〜8枚。開花期は5〜6月。和名は「日高草」で日高地方アポイ岳のみに分布することから。アポイ岳の固有種。本属は旧大陸のヨーロッパ〜中央アジア〜日

本にかけて10数種が不連続に分布。日本周辺では，朝鮮北部のウメザキサバノオ，サハリンのカラフトミヤマイチゲ，本州北岳のキタダケソウ，北海道崕山のキリギシソウ，アポイ岳の本種が見られる。

ID35-64　**ホソバウルップソウ** *Lagotis yesoensis* (Miyabe et Tatew.) Tatew.　（オオバコ科）【p. 45】

　大雪山の湿った高山砂礫地に生え，茎の高さ15〜30 cmとなる多年草。葉は肉質でややつやがあり狭卵形〜長楕円形で縁に波状の鈍鋸歯があり，長さ5〜11 cm，幅3〜7 cm。葉柄は長さ3〜8 cm。茎頂に多数の青紫色花を密に穂状花序につける。がくは膜質で長さ6〜7 mm。花冠は長さ9 mm，上唇は長楕円形で長さ3 mm，幅1 mm。下唇は深く2裂し，裂片は長楕円形で長さ2 mm，幅1 mm。雄しべは花冠上唇の中ほどにつき，上唇とほぼ同長。開花期は7〜8月。和名は「細葉得撫草」で，千島列島南部のウルップ（得撫）島にちなむ。北海道大雪山のみに見られる固有種。

ID36-65　**オオサクラソウ** *Primula jesoana* Miq. var. *jesoana*　（サクラソウ科）【p. 46】

　次ID37-66(p. 47)のエゾオオサクラソウの基準変種にあたり，形態的にはほぼ同じで，葉柄や花茎に長縮毛がないものである。開花期5〜6月。和名は「大桜草」。分布は，エゾオオサクラソウが道東に多いのに対し，本州中部〜北海道中部に分布する。植物画の右上の花型は雄しべが花筒部の奥の位置に引っ込んだピン(pin)で，花柱が長く花喉部までのびている。本植物画では短毛が描かれており，典型的な無毛のオオサクラソウではない。

ID37-66　**エゾオオサクラソウ** *Primula jesoana* Miq. var. *pubescens* (Takeda) Takeda et H.Hara　（サクラソウ科）【p. 47】

　低山の明るい林内に生える。花茎の高さ20〜40 cmの多年草。花茎や葉柄に長縮毛がある。葉柄は長さ15〜25 cm，葉身は円形で径5〜12 cm，基部は心形，掌状にやや深く7〜9裂し，裂片は三角形で不揃いの尖った歯牙。花は花茎に5〜15個が輪状に1〜3段につく。花冠は濃紅色で花喉部は黄色，高坏状で，直径1.5〜2 cm。さく果は卵状長楕円形で長さ7〜12 mm，がくより少し長い。開花期は5〜6月。和名は「蝦夷大桜草」。北海道，朝鮮半島に分布する。葉柄や花茎に縮れ毛のない個体は基準変種オオサクラソウとされる。

ID38-67　**アライトヨモギ** *Artemisia borealis* Pall.　（キク科）【p. 31】

　火山砂礫地に生える多年草。一見，エゾハハコヨモギにも似る。茎下部の頭花には長い柄があるが，上部にいくにしたがって総状につく。開花期は8月。和名は「阿頼戸蓬」で，産地である千島列島北部のアライト島より。ユーラシアから新大陸までの極地域や高山帯に広域分布する種。北東アジアでは，千島列島（南・北）・サハリン（中・北）・カムチャツカ半島に見られ，日本列島には分布しない。

ID39-68　**ホソバイワベンケイ** *Rhodiola ishidae* (Miyabe et Kudô) H.Hara　（ベンケイソウ科）【p. 55】

　ID20-40(p. 54右下)のホソバイワベンケイと同じ。本植物画では右に雌株，左に雄株が描かれ，それに対応して右上に袋果をもつ雌花の，左上には雄しべをもつ雄花の拡大図が描かれている。開花期は7〜8月。和名は「細葉岩弁慶」で，葉が細く，乾燥した岩場に生育する強い姿を弁慶に見立てた。本州中部〜北海道に分布。

ID40-69　**チャボゼキショウ**（アポイゼキショウ）*Tofieldia coccinea* Richards. var. *kondoi* (Miyabe et Kudô) H.Hara　（チシマゼキショウ科）【p. 21】

　基準種にあたるチシマゼキショウは高山の礫地や草原に生える高さ5〜15 cmの多年草。根もとに生える葉は扁平で剣状，長さ3〜8 cm，幅2〜4 mm。花は総状花序につき，花柄は通常1 mm長。花被片は白色で6枚，長楕円形。雄しべは6本，葯は黄褐色。さく果は球形褐色で径3 mm。チャボゼキショウは，この1変種で，花序や花柄

がより長い。開花期は6～8月。和名は「矮鶏石菖」。葉がショウブ科のセキショウに似ていることから。本州中部～北海道(大平山・アポイ岳)に分布。植物画では開花期と結果期を示す。

ID41-70 **チシマコゴメグサ** *Euphrasia mollis* (Ledeb.) Wettst. (ハマウツボ科)【p. 22】

　海岸近くの日あたりよい風しょう草原に生える,高さ3～15 cmの一年草。茎葉には白毛が多い。茎生葉は対生して,柄はなく半円形で長さ5 mm,幅6 mmほど。4対の切れ込みがあり裂片は鈍頭。花は茎頂に穂状につく。がく筒は4鋭裂し,花冠は2唇形で,上唇は2裂,下唇は3裂し,黄色で内側に紫条が入る。開花期は7～9月。和名は「千島小米草」。小米草は小さな花が米粒を思わせるところからきたという。エゾコゴメグサによく似るが花が淡黄色である。北海道(知床),千島列島・カムチャツカ半島・アリューシャン列島・アラスカに分布する。

ID42-71 **シソバキスミレ** *Viola yubariana* Nakai (スミレ科)【p. 13】

　夕張岳の山地～高山の蛇紋岩崩壊地に生える高さ5～10 cmほどの多年草。花茎には短毛が密生し,大きな葉2枚と小さな葉1枚をつける。葉は厚く,円く,波状の鋸歯があり,先は急に尖り,表面は深緑色で光沢があり葉脈がくぼみ,裏面は帯紫色。1～2個の黄色花がつき,径約1.5 cm。開花期は6～8月。和名は「紫蘇葉黄菫」で,葉と花の様子から。オオバキスミレ群の1種で,オオバキスミレの変種とされたこともあるが,現在は独立種とされることが多い。夕張山地の固有種。

ID43-72 **ハハコヨモギ** *Artemisia glomerata* Ledeb. (キク科)【p. 39】

　北方の岩礫地に生える多年草。花のつかない短茎の先のロゼット葉では,葉身は2回掌状に中裂し,裂片は線形で幅1 mm,両面とも密に長い絹毛がある。花茎の中部の葉は長さ13～20 mm,葉柄に翼があり,葉身はさじ形または扇形で3～4中裂,または2回掌状中裂。花茎は高さ7～15 cm,幅4～5 mmの頭花が茎先端に密散房状につく。総苞は密に長い絹毛があり片は3列あって同長。開花期は7～8月。和名は「母子蓬」。本州中部,千島列島(中・北)・サハリン(北)・カムチャツカ半島・シベリア・アラスカに分布する。北海道には分布しない。

ID44-73 **ハナタネツケバナ** *Cardamine pratensis* L. (アブラナ科)【p. 19】

　湿原の縁に生える,高さ15～50 cmになる多年草。茎・葉ともに無毛。葉は奇数羽状複葉で小葉は3～7対つく。根出葉には長い葉柄があり小葉は広卵形,茎生葉の小葉はより狭く線形になり上方に湾曲気味となる。花は淡紅色で径1～1.5 cm。4枚の花弁はがく片の3倍ほどある。長角果は長さ2.5 cmほど。開花期は5～6月。和名は「花種漬花」で,タネツケバナに似るが,花が大きく目立つため。日本では戦後になって道東で見つかった。北半球の冷温帯～亜寒帯に広域分布し,日本近隣では北海道(東),千島列島(南・北)・サハリン(北)・カムチャツカ半島に分布。

ID45-74 **ツリシュスラン** *Goodyera pendula* Maxim. (ラン科)【p. 11】

　岩上や樹上に着生する多年草。茎生葉は広披針形で鋭頭,長さ2～3.5 cm,幅0.5～1 cmで基部はくさび形。茎は長さ10～20 cmで先は下垂,茎頂部の総状花序の基部は湾曲して立ち上がり,白色花が多数偏ってつく。子房,苞,花柄にまばらな縮毛がある。がく片は狭卵形,側花弁は狭倒披針形,唇弁は広卵形で基部は胞状。開花期は7～9月。和名は「吊繻子蘭」で,吊は茎が垂れ下がる様子から,繻子蘭は葉表面の模様から。九州～北海道に分布。本州中部～北海道には葉が卵形で広く,ヒロハツリシュスランと呼ばれるものがあるが,現在は特に分けられない。

ID46-75 **レンプクソウ** *Adoxa moschatellina* L. (レンプクソウ科)【p. 18】

　林内に生える,茎の高さ8～15 cmで全体やわらかい多年草。根出葉は2回3出複葉で,小葉は

羽状に中裂。花は黄緑色で直径4〜6 mmと小型，無柄の5花が頭状に集まる。頂生花はがくが2裂，花冠が4裂し，雄しべは8本。周辺花はがくが3裂，花冠が5〜6裂し，雄しべは10ないし12本。開花期は4〜5月。和名は「連福草」。和名の起源は諸説ありはっきりしない。5花が頭状に集まるので，ゴリンバナという和名もある。1属1種で北半球温帯に広く分布し，日本では近畿地方〜北海道に分布する。左上の拡大図は周辺花の正面観。

ID47-76 チョウノスケソウ *Dryas octopetala* L. var. *asiatica* (Nakai) Nakai （バラ科）【p. 23 上】

高山帯の草原に生える小低木で，茎はやや匍匐する。葉柄は長さ5〜20 mm，葉身は卵状楕円形で長さ10〜20 mm，鈍頭，縁は浅く羽裂。裏面は白綿毛に覆われ，側脈は葉の表面でくぼむ。花柄は長さ3〜10 cm。花弁は8〜9枚，長さ10〜15 mm，倒卵形で白色〜黄白色。雄しべは多数。そう果の花柱は花後，長くのびる。開花期は6〜7月。和名は「長之助草」で，植物採集家の須川長之助を記念。種としては北半球の寒帯に広域分布し，本変種は基準種よりも葉の幅が広く側脈が多いとされ，本州中部・北海道，千島列島（南）・サハリン（中・北）・朝鮮北部・ウスリー・カムチャツカ半島などに分布する。

ID47-77 リシリゲンゲ *Oxytropis campestirs* (L.) DC. subsp. *rishiriensis* (Matsum.) Toyok. （マメ科）【p. 23 下】

高山草原に生える高さ10〜15 cmの多年草。茎や葉に白い絹毛が多い。葉は奇数羽状複葉。小葉は17〜23枚で，狭卵形〜狭楕円形，長さ5〜18 mm，幅2〜5 mm。花序は5〜10花をつけ，花は黄白色で長さ約2 cm。豆果は卵形で長さ2〜2.5 cm，ほとんど無毛で上向する。開花期は6〜7月。和名は「利尻蓮華」の転訛と思われる。

種としてはヨーロッパ〜シベリア・東北アジアまで広く分布。本亜種は北海道のみに分布する固有分類群。

ID48-78 サルメンエビネ *Calanthe tricarinata* Lindl. （ラン科）【p. 29】

低地〜山地の広葉樹林下に生える，花茎の高さ30〜50 cmの多年草。葉は3〜4枚で倒卵状狭長楕円形，長さ15〜25 cm，幅6〜8 cm。7〜15花がまばらに総状につく。がく片は狭長楕円形で長さ20〜25 mm。側花弁は広倒披針形で，がく片より少し小さい。がく片，側花弁ともに黄緑色。唇弁は紫褐色〜朱紅褐色で，がく片と同長，3裂する。側裂片は小さく，中裂片は大きくてほぼ四角形，先端の縁にひだがあり，中央に3条のとさか状突起がある。開花期は5〜6月。和名は「猿面海老根」で，花と根の様子から。九州〜北海道，台湾・ヒマラヤに分布する。

ID49-79 クロユリ *Fritillaria camschatcensis* (L.) Ker Gawl （ユリ科）【p. 27】

低地〜高山の湿草原に生える，茎の高さ10〜50 cmになる多年草。3〜5枚の茎生葉が2〜4段輪生してつく。葉は披針形〜長楕円状披針形で長さ3〜10 cm。花は暗紫褐色〜黒紫色，1〜7個つける。花披片は6枚，長楕円形で長さ25〜30 mm。雄しべは花被片の半長。花柱は基部から3枝に分かれる。開花期は6〜8月。和名は「黒百合」。本図は丈が高く結実しない3倍体の低地型で，2倍体の高山型をミヤマクロユリとして分けることもある。種としては本州中部〜北海道，千島列島・サハリン・中国東北部・ウスリー・カムチャツカ半島・新大陸北部に分布する。

ID50-80 ミヤマアケボノソウ *Swertia perennis* L. subsp. *cuspidata* (Maxim.) H.Hara （リンドウ科）【p. 1】

高山の湿草原や岩地に生える高さ10〜30 cmの多年草。根出葉は楕円形〜広卵形で長柄をもち，全長3〜8 cm。茎生葉は葉柄が短く全体小さい。花は5数性で径2〜4 cm，花冠裂片は披針形で先は尾状，濃色の脈と細点がある。裂片基部の2個の蜜腺溝周辺に長毛。開花期は7〜9月。和名は「深山曙草」。種としては北半球の寒冷地や高地に広域分布し，本亜種は，本州中部〜北海道，千島列島（中）・サハリン（北）・アルダン・オホーツク

に分布する。

ID51-81　リシリソウ *Anticlea sibirica* (L.) Kunth（シュロソウ科）【p. 16】

　高山草原に生え，高さ10～25 cmになる多年草。根出葉は線形で長さ10～20 cm，幅4～10 mm，茎生葉は0～2個ある。茎頂に径10 mm内外の淡黄緑色花が円錐状の花序に数個～10数個つく。花披片は6枚で長楕円形，長さ7～8 mmで斜開し，内面下部に倒心形で黄緑色の大きな腺体がある。雄しべは6本で花披片より短い。雄性花と両性花がある。さく果は円錐形。開花期は7～8月。和名は「利尻草」の意味で，産地名から。北海道（利尻・礼文），朝鮮半島北部・中国北部・シベリアに分布する。

ID52-82「エゾリンドウ *Gentiana triflora* Pall. var. *japonica* (Kusn.) H.Hara」（リンドウ科）【p. 20】

　植物体全体はエゾリンドウを思わせるが，花冠裂片の数や形がエゾリンドウとは一致しない。同定困難な植物画である。

ID53-83　ウラジロタデ *Aconogonon weyrichii* (F.Schmidt) H.Hara　（タデ科）【p. 28】

　北地や高山の砂礫地に生える雌雄異株の多年草。茎は多少枝を分け，下向きの毛を密生し，高さ30～100 cm。葉は有柄で長卵形～卵形，基部は切形か広いくさび形，長さ10～20 cm，幅10～15 cmで，裏面に白い綿毛を密生。総状花序は枝を分け，大きい密な円錐状に集まる。がくは黄白色で5裂し，長さ2～3 mm。花冠はない。そう果には広い3翼があり，広楕円形で長さ8～10 mm。開花期は6～9月。和名は「裏白蓼」で，タデの仲間で葉の裏が白いことを表す。本州中部～北海道，千島列島・サハリンに分布。葉裏に白い綿毛がないものを変種オンタデという。

ID54-84　ゴゼンタチバナ *Cornus canadensis* L.（ミズキ科）【p. 43】

　亜高山帯の針葉樹などやや暗い林下に生える，茎の高さ5～20 cmの多年草。ほとんど毛はない。花のつかない茎では4枚の葉が輪生。花のつく茎では6枚の葉が仮輪生。葉は倒広卵形～菱状楕円形で長さ2～8 cm，幅1～2.5 cm，側脈が2～3対あり上方に向かう。4枚の総苞片は花弁状で白色，広卵形，長さ0.7～2.5 cm。頂部に10～35個の小さな花からなる頭状花序。石果は球形，赤色。開花期は6～7月。和名は「御前橘」で，加賀白山の御前にちなみ，橘は果実をカラタチバナになぞらえた。東北アジア～北米に分布，北太平洋地域に広く見られる種。日本では本州中部～北海道に分布。

ID55-85　タカネナデシコ *Dianthus superbus* L. var. *speciosus* Rchb.　（ナデシコ科）【p. 34】

　ID5-12 (p. 35)と同じ変種。高山の岩地などに生える高さ15～40 cmの無毛の多年草。エゾカワラナデシコの高山型の変種。葉は対生し線形～披針形で粉白色をおび，長さ3～9 cm，基部は茎を抱く。花は茎頂に数個つく。苞は1～2対あり，がくは円筒形で長さ2.5 cm前後と短い。花は直径5 cmほどで，5枚の花弁は紅色で先は深く切れ込む。開花期は7～9月。和名は「高嶺撫子」。本州中部・北海道，中国東北部・朝鮮半島・ヨーロッパに分布する。本植物画では赤色系の色のみ塗られている。

ID56-86　アライトヒナゲシ *Papaver aloboroseum* Hultén　（ケシ科）【p. 44】

　火山砂礫上に生える多年草で，短い根茎があり株状になる。葉は多数根生し，葉柄があり，葉身は羽状に分裂する。花弁は長さ約1.5 cm，白色で基部が黄色。果実は長さ1.0～1.5 cm，幅0.8～1.0 cmの楕円形。開花期は8月。和名は「阿頼戸雛芥子」。アライトは千島列島北部の島名。日本ではアライドと濁音でも呼ばれるが，これは漢字に引っ張られた発音で，現地での呼び名からはアライトと清音にした方がよい。ヒナゲシはケシに似てより小型で可愛いことから。千島列島（中部以北）・カムチャッカ半島に分布。特に千島列島北部のアライト島の自生地が有名。

ID57-87 **ミヤマキンバイ** *Potentilla matsumurae* Th.Wolf （バラ科）【p. 7】

　ID6-13（p. 6 上）に同一種の植物画がある。それに比べると，葉の質がより薄く，茎全体がよりのびている個体である。生育地の違いを反映し，ID6-13 の植物画は，より乾燥した岩礫地の個体，本植物画はより湿った風のあたらない場所の個体を描いたということかもしれない。

ID58-88 **キバナシャクナゲ** *Rhododendron aureum* Georgi （ツツジ科）【p. 59 上】

　高山の岩礫地やハイマツ帯などに生える，高さ 0.2～1 m の常緑低木。葉柄は長さ 5～15 mm，葉身は革質で楕円形，長さ 2～5 cm，幅 1～2 cm，両面とも無毛。枝先に径 2.5～3 cm の漏斗状鐘形の淡黄色花を 2～7 個つける。花柄は長さ 2～3 cm で，縮れた軟毛を密生する。花冠の先は 5 裂して，上部裂片の内側に濃色の斑点がある。雄しべは 10 本。子房には短い軟毛が密生する。さく果は長さ 1～1.5 cm で狭長楕円形，短毛がある。開花期は 6～8 月。和名は「黄花石楠花」。花の色と常緑の葉より。本州中部～北海道，千島列島・サハリン・朝鮮半島北部・シベリア東部・カムチャツカ半島に分布する種。

ID58-89 **ヒメシャクナゲ** *Andromeda polifolia* L. （ツツジ科）【p. 59 左下】

　低地～亜高山の高層湿原に生える常緑小低木。茎下部は地を這い，上部は斜上して高さ 10～30 cm。葉は互生し，広線形～狭長楕円形で長さ 1.5～3.5 cm，幅 3～7 mm。枝先に 2～5 個のピンク色の花が散形状につく。花冠は長さ 5～6 mm の壺形で先は 5 浅裂し反り返る。雄しべは 10 本。葯は上端で開孔，先端背面に 2 本の刺状突起。さく果は倒卵状球形。開花期は 5～7 月。和名は「姫石楠花」。植物体全体の印象と常緑の葉から。北半球の寒冷地に広く分布する種。日本とその周辺では，本州中部～北海道，千島列島・サハリン・カムチャツカ半島に見られる。

ID58-90 **エゾノツガザクラ** *Phyllodoce caerulea* (L.) Bab. （ツツジ科）【p. 59 右下】

　高山の雪田縁や草原，礫地などに生える常緑小低木。茎下部は地を這い，上部は斜上して高さ 10～25 cm。長さ 7～12 mm，幅約 1.5 mm の線形の葉を密につける。茎頂に 4～7 個の下向きの紅紫色花。花柄は細く長さ 2～2.5 cm，微毛と腺毛が生える。がく片は狭披針形で紫色をおび，背面基部に腺毛を密生する。花冠は卵状の壺形で先が浅く 5 裂し，紅紫色で長さ 8～10 mm。さく果は球形で径約 4 mm。開花期は 7～8 月。和名は「蝦夷栂桜」。北半球の寒帯に広く分布し，日本とその周辺では東北地方～北海道，千島列島・サハリン・カムチャツカ半島に分布する。

ID59-91 **チシマギキョウ** *Campanula chamissonis* Al.Fedr. （キキョウ科）【p. 49 右上】

　高山の砂礫地に生え，茎の高さ 5～15 cm になる多年草。根出葉は長楕円形～倒披針形で長さ 2～4 cm，幅 0.5～1 cm，基部は狭くなって柄になる。厚くて表面光沢があり，縁に波状の小さな鈍鋸歯がある。茎頂に 1 花をつけ，イワギキョウに似る。がく裂片は長さ 8～15 mm で全縁。花冠は鐘形で青紫色，長さ 30～40 mm，5 裂片の縁や内面に白色長毛があるのが特徴。開花期は 7～8 月。和名は「千島桔梗」で，キキョウに似た花から。本州中部～北海道，千島列島・サハリン・アリューシャン列島・カムチャツカ半島・アラスカなど北太平洋地域に分布する種。

ID59-92 **ホテイアツモリソウ** *Cypripedium macranthos* Sw. var. *macranthos* （ラン科）【p. 49 左下】

　海岸～亜高山のやや明るい草原に生える多年草。アツモリソウやレブンアツモリソウと同一種の，基準変種にあたる。茎の高さ 20～40 cm，茎生葉は互生し長楕円形で長さ 8～20 cm，幅 5～8 cm。紅紫色の大型の花が茎頂に 1 個つく。上部に開口部があり，横に広がった袋状の唇弁が特徴的。開花期は 6 月。和名は「布袋敦盛草」。唇弁の形を布袋様のお腹と平敦盛の母衣に見立てた。種としてはシベリア西部～アジア北東部まで広く分布し，本変種は本州中部～北海道に分布するとされる。

現代の視点からみた須崎忠助氏の植物画技法

　須崎忠助氏の手によるものとして一般に知られている植物画は，『北海道主要樹木圖譜』(1920-1931)と『北海道薬用植物図彙』(1922)であろう。
　『北海道主要樹木圖譜』においては，図版は必然的に樹木枝の全体図を主とし，これに種子，発芽個体，雄花・雌花，花弁，葉などの拡大図・断面図・解剖図などを加えており，樹木の力強さと北海道の季節変化を感じさせる植物学と芸術の融合体となっている。『北海道薬用植物図彙』においては，色版としてはヌルデ，カタクリ，ウスアカリンドウ（ユウバリリンドウ）の3点のみで，残りはペン画である。これらのペン画は簡素なタッチでありながら，草本植物特有の'嫋やかさ'が表現されており，白黒図ではあっても野外でこれらの植物に出会った時の色合いを感じさせるものである。特に，ツチアケビ（図24）は海外の手法エングレービング（銅版画）かと思わせる逸品である。

同時代の海外図譜との比較

　須崎氏と同時代の海外の植物図譜とを比較してみる。イギリスで活躍したステラ・ロス＝クレイグ女史(1906-2006)は科学的に描く線画により『イギリス植物図説』を出版し，現在も分冊となって発行されている。女史の描いたコウホネ属の $Nuphar\ luteum$ の全体像，展開図は迫力があり，肉感的ですらある。須崎氏も同じコウホネ属のコウホネ $Nuphar\ japonicum$ を『北海道薬用植物図彙』の線画（図41）で描いているが，繊細なタッチで日本的な風雅を感じさせる。2つの植物画を比較すると，両者の間での植物を見る視点の違い，といったものが感じられる。また，ステラ女史のマンテマ属の植物画と須崎氏の『北海道薬用植物図彙』のカキドオシ（図79）の植物画とを比較すると，ともに植物体全体像と展開図が描かれて（女史は顕微鏡を使用）いる。女史はさらに「今日，植物の地下の部分に対して注意が払われていないのは大いに遺憾なことです」と記述しているが，須崎氏の植物画ではコウホネやほかの薬用植物において，細根を含めた地下部がよく描き込まれ，葉脈まで細やかに書き込まれており，この点では須崎氏はステラ女史の要求にみごとに応えているといえよう。

　18～19世紀に出版された『フローラの神殿』や19～20世紀に出版された『フローラの美』，またエドワード・オーガストボウルズ(1865-1954)などの，ウォーターカラーで描かれたクロッカスの群生では，石や地表面も描かれており，今回の須崎氏の「大雪山植物其他」でも同じような手法で生育立地が描き込まれている。立地環境が描き込まれた同様の植物画としては，イギリス・キューガーデンに美術館をもつマリアン・ノース(1830-1890)も，油絵ではあるが，岩の間にそびえ立つ北アフリカの植物 $Kniphofia\ northiae$ を描いている。アルブレヒト・デューラー(16世紀)も「よく伸びた草」という，ウォーターカラーにより植物が地面から生えている様子を描いた有名な植物画がある。

　私の師である現代の植物画家クリスタベル・キング女史も植物の自生環境を描き込んでいる。須崎氏の自生環境・立地環境の描き込みは，これらにつながるもので，現地の空気感までも感じることができる。

　キューガーデンで，キング女史の生徒の作品として，大きなトケイソウの花をさらに2倍くらいのサイズに拡大して描いた植物画を見たことがある。今回の須崎氏の「大雪山植物其他」におけるヒダカイワザクラの花の拡大図は，これを想起させた。植物体全体を描く場合にも，このように植物体の一部を拡大しその形態や構造をよく理解しておくと，全体像を描く場合にも大変有用となる。

現在の描画手法との比較

　須崎氏の「大雪山植物其他」の植物画の描き方を，その記載文も参考にしながら，現在の描画手法と比較してみる。まず，彼が描いた時代の絵具と現在の絵具とでは，たとえメーカーが同じで

あっても，原料の変更もあり，色名が同じでも色自体が変わっていたり，同じ色でも色名が変更されたり，といったことがある。このため当時の色・色名と現代の色・色名とは対応しないことも多い。また，須崎氏の植物画は年数を経ているため，混色の中でもある色のみが退色することもあり得，また紙の変質もあるため，本植物画での須崎氏の記載文で記録されている色名をそのまま信じるのではなく，鑑賞する人が自分の目と知識で楽しむことが必要である。

この時代は花色としてはローズ系・紫系の色数が少なく，むしろ葉色の色合いの記載が多い。このことにより，結果として落ち着いた色合いの植物画となり，より魅力的な作風となっているともいえる。前述のステラ女史は花色ではカラーインクも使用したことが書かれている。

須崎氏の記載文には，しばしば甲・乙・丙・丁の指示がある。氏が考えた鮮明度（色・線ともに）を表すと思われる。甲ははっきりと，乙はややはっきりと，丙は少しぼかし気味，丁はぼかす，といったように。了というのは，最後につけてこれで終了を意味する。

記載文によると，タカネナデシコ，エゾカラマツ，ハハコヨモギでは，線に白色を上からかけ，濃淡をつけている。これは画家によるが，現在では白っぽく重く感じる葉には，白色を混ぜるが，質が薄く表面が光っている葉では，白色を使わず彩色を控え濃淡をつけたり，グレー色をかけて表現することもある。エゾカラマツの葉の場合は，白っぽい緑色を使用する。須崎氏の記載文では「エゾオヤマリンドウ，ミヤマタニタデにおいては浅深緑色に紅紫色を加える」とある。著者は葉の色には必ず茶色または花の色を混ぜる。そうすることで葉色が落ちつく。シコタンハコベでは葉に，「はっきりとした純グリーン色だけを2回彩色し，白色を強くしないようにもう1回塗る」とある。イワブクロで，毛を鉛筆で描くのは現在と同じ手法である。ナンブイヌナズナの花の黄色は，クロームイエローとなっているが，現在，クロームイエローという名前の絵の具がないのでオレンジかかったイエローを使用する。「エゾリンドウ」の葉の表面ははっきりと，次にややはっきりと全体を塗って，少しぼやかし気味にする。葉裏はぼやかし，葉脈として線を加える。花色は当時，この青色しかなかったのかまたは混色の他の色が退色したのかもしれない。

須崎氏は，自分の描画手法・描画技術・観察眼に加え，外国の新しい手法を研究し自分の仕事に合わせて導入し，常に新しい描き方を進めていくという点において卓越した能力を発揮している。現代において植物画を描いている我々にとっても，大いに参考になる偉業を残してくれた。今後とも，日本において芸術価値をもった植物画作品が普及されることを切に望む。

おわりに

　2015年春，北海道大学苫小牧研究林において「須崎忠助原画展」が開催された。この展示会は，所在がわからなくなっていた北海道大学附属図書館の所蔵資料「大雪山植物其他」が研究林に届けられたことが契機となって企画されたものである。展示会のタイトルにもあるように，展示された「大雪山植物其他」は須崎忠助という人物によって描かれている。須崎は，大正末から昭和初期にかけて出版された『北海道主要樹木圖譜』の画工として著名な人物である。「樹木図譜」に描かれた樹木の正確さと美しさはみごとなものであり，「樹木図譜」が復刻版，縮刷版としてさまざまな形で出版され，多くの人に親しまれてきたことをみれば，その価値は今も色あせることなく評価されているといえよう。

　「大雪山植物其他」に描かれた草本，潅木植物の多くは「樹木図譜」と同様に色，形状など精密に描かれており，あたかも「樹木図譜」と対をなす図譜の原図であるかのようである。残念ながら「大雪山植物其他」は須崎の存命中に出版物として日の目を見ることはなかったようであるが，今回本書として出版されるはこびとなった。附属図書館に再び収められることになった「大雪山植物其他」は，資料保存の観点から個人が借用して利用することは難しいが，本書のような形で広く利用することができるようになったことは，植物と植物画を愛好する私たちにとっても有益なことであるし，須崎自身もこの出版を喜んでいるのではないだろうか。また，須崎忠助という人物の業績への理解がより深まることで，「樹木図譜」の価値も高まることが期待される。

　本書は，第一に須崎の植物画の正確さ，美しさを読者に感じていただくことを目的とし，図版編にまとめた植物画への解説は最小限にとどめた。その上で，解説編として植物画をより深く理解できるようにするために，須崎忠助自身と「大雪山植物其他」が描かれた背景などの歴史的解説，描かれた植物についての植物学的解説を加えた。最後に，現代のボタニカルアート作家からみた須崎の植物画の評価についてまとめている。本書では，「大雪山植物其他」を中心に，歴史学，植物学，芸術という観点からの解説を行ったが，図に残された情報を概観する限りでもさまざまな可能性を秘めているように思われる。「樹木図譜」との関係を考察することも必要であろう。また，須崎の書き記したものには多数の短歌が掲載されている。「大雪山植物其他」にもいくつかの短歌が書き残されており，須崎の歌人としての再評価も興味深い。本書が新たな関心・理解への出発点となれば幸甚である。

　「大雪山植物其他」は北海道大学附属図書館所蔵，「須崎忠助の略歴と「大雪山植物其他」が描かれた時代背景」で掲載したキノコ画は北海道大学大学文書館所蔵である。原資料の所蔵を記すと共に，使用許可に対してお礼申し上げる。
　　2016年春

　　　　　　　　　　　　　　　　　　　　　　　　　　　　　　　　　　　　　解説者一同

和名索引

[ア行]
アポイゼキショウ　　21,94
アライトヒナゲシ　　44,97
アライトヨモギ　　31,94
イワウメ　　36,89
イワギキョウ　　53,91
イワツツジ　　42,86
イワブクロ　　24,91
ウメバチソウ　　37,92
ウラジロタデ　　28,97
エゾウスユキソウ　　38,90
エゾオオサクラソウ　　47,94
エゾオヤマリンドウ　　3,88
エゾカラマツ　　5,88
エゾタカネツメクサ　　40,92
エゾツツジ　　58,88
エゾノツガザクラ　　59,98
エゾミヤマクワガタ　　30,83
エゾミヤマトラノオ　　83
「エゾリンドウ」　　20,97
オオサクラソウ　　46,94

[カ行]
カラフトマンテマ　　41,85
キクバクワガタ　　38,90
キバナシャクナゲ　　59,98
キバナノコマノツメ　　4,84
クモマユキノシタ　　15,87
クロユリ　　27,96
コケモモ　　56,87
ゴゼンタチバナ　　43,97
コメツツジ　　54,89

[サ行]
サマニユキワリ　　12,91
サルメンエビネ　　29,96
シコタンハコベ　　24,91
シソバキスミレ　　13,95
ジムカデ　　30,83
シロウマアサツキ　　57,87

[タ行]
タカネオミナエシ　　87
タカネグンバイ　　4,84
タカネナデシコ　　34,35,85,97
タルマイソウ　　24,91
チシマアマナ　　4,84
チシマイワブキ　　48,92
チシマギキョウ　　49,98
チシマキンレイカ　　56,87

チシマクモマグサ　　15,87
チシマコゴメグサ　　22,95
チシマゼキショウ　　52,90
チシマノキンバイソウ　　52,90
チシママンテマ　　41,85
チャボゼキショウ　　21,94
チョウノスケソウ　　23,96
チングルマ　　36,89
ツリガネニンジン　　33,84
ツリシュスラン　　11,95

[ナ行]
ナガバツガザクラ　　58,88
ナンブイヌナズナ　　10,93

[ハ行]
ハナタネツケバナ　　19,95
ハハコヨモギ　　39,95
ヒダカイワザクラ　　8,9,32,93
ヒダカソウ　　26,93
ヒメイズイ　　42,86
ヒメシャクナゲ　　59,98
ヒメハナワラビ　　12,90
ヒメヤマハナソウ　　15,87
フタナミソウ　　2,83
ホザキイチヨウラン　　25,86
ホソバイワベンケイ　　54,55,90,94
ホソバウルップソウ　　45,94
ホテイアツモリソウ　　49,98

[マ行]
ミツバオウレン　　36,89
ミネズオウ　　4,84
ミヤマアケボノソウ　　1,96
ミヤマキンバイ　　6,7,85,98
「ミヤマキンバイ」　　30,83
ミヤマキンポウゲ　　54,89
ミヤマタニタデ　　40,92
ミヤマホツツジ　　51,89
ムカゴトラノオ　　57,87
モイワナズナ　　6,85

[ヤ行]
ヤエミヤマキンポウゲ　　41,86
ヤマハナソウ　　14,85
ユウバリソウ　　17,92
ユウバリツガザクラ　　37,93
ヨコヤマリンドウ　　3,88
ヨツバシオガマ　　33,84

[ラ行]
リシリゲンゲ　23,96
リシリソウ　16,97
リシリヒナゲシ　48,91
レブンアツモリソウ　14,85
レブンコザクラ　30,83

レブンサイコ　53,91
レブンソウ　50,86
レンプクソウ　18,95

[ワ行]
ワサビ　10,93

加藤　　克（かとう　まさる）
- 1972 年　愛知県海部郡（現愛西市）に生まれる
- 1999 年　北海道大学大学院文学研究科博士課程中退
- 現　在　北海道大学北方生物圏フィールド科学センター助教
　　　　　博士（文学，北海道大学）
- 主　著　ブラキストン「標本」史（北海道大学出版会，2012）など

高橋　英樹（たかはし　ひでき）
- 1953 年　高崎市に生まれる
- 1981 年　東北大学大学院理学研究科博士課程修了
　　　　　理学博士（東北大学）
- 現　在　北海道大学総合博物館教授
- 主　著　千島列島の植物（北海道大学出版会，2015）など

中村　　剛（なかむら　こう）
- 1978 年　横浜市に生まれる
- 2007 年　琉球大学大学院理工学研究科博士課程修了
　　　　　博士（理学，琉球大学）
- 2010 年　台湾中央研究院生物多様性研究中心博士後研究員
- 現　在　北海道大学北方生物圏フィールド科学センター助教

早川　　尚（はやかわ　しょう）
- 1946 年　札幌市に生まれる
- 1967 年　大谷短期大学油彩専攻科卒業
- 現　在　北大植物園後援会会員・国画会会員・
　　　　　北海道美術協会会員

須崎忠助植物画集――「大雪山植物其他」
2016 年 6 月 25 日　第 1 刷発行

　　画　　　　須崎忠助
　　解　説　　加藤　克・高橋英樹
　　　　　　　中村　剛・早川　尚
　　発 行 者　　櫻井義秀

発行所　北海道大学出版会
札幌市北区北 9 条西 8 丁目　北海道大学構内（〒 060-0809）
Tel. 011（747）2308・Fax. 011（736）8605・http://www.hup.gr.jp

㈱アイワード　　　　　　　　Ⓒ 2016　加藤・高橋・中村・早川

ISBN 978-4-8329-1403-2

新北海道の花	梅沢　俊著	四六変・464頁　価格2800円
北海道のシダ入門図鑑	梅沢　俊著	B5・148頁　価格3400円
北海道の湿原と植物	辻井達一／橘ヒサ子編著	四六・266頁　価格2800円
写真集北海道の湿原	辻井達一／岡田　操著	B4変・252頁　価格18000円
北海道外来植物便覧―2015年版―	五十嵐　博著	B5・216頁　価格4800円
植物生活史図鑑Ⅰ　春の植物No.1	河野昭一監修	A4・122頁　価格3000円
植物生活史図鑑Ⅱ　春の植物No.2	河野昭一監修	A4・120頁　価格3000円
植物生活史図鑑Ⅲ　夏の植物No.1	河野昭一監修	A4・124頁　価格3000円
日本産花粉図鑑［増補・第2版］	藤木利之／三好教夫／木村裕子著	B5・1016頁　価格18000円
札幌の植物―目録と分布表―	原　松次編著	B5・170頁　価格3800円
北海道高山植生誌	佐藤　謙著	B5・708頁　価格20000円
サロベツ湿原と稚咲内砂丘林帯湖沼群―その構造と変化	冨士田裕子編著	B5・272頁　価格4200円
千島列島の植物	高橋英樹著	B5・602頁　価格12500円
雑草の自然史―たくましさの生態学―	山口裕文編著	A5・248頁　価格3000円
帰化植物の自然史―侵略と攪乱の生態学―	森田竜義編著	A5・304頁　価格3000円
攪乱と遷移の自然史―「空き地」の植物生態学―	重定南奈子／露崎史朗編著	A5・270頁　価格3000円
植物地理の自然史―進化のダイナミクスにアプローチする―	植田邦彦編著	A5・216頁　価格2600円
植物の自然史―多様性の進化学―	岡田　博／植田邦彦／角野康郎編著	A5・280頁　価格3000円
高山植物の自然史―お花畑の生態学―	工藤　岳編著	A5・238頁　価格3000円
花の自然史―美しさの進化学―	大原　雅編著	A5・278頁　価格3000円
森の自然史―複雑系の生態学―	菊沢喜八郎／甲山隆司編	A5・250頁　価格3000円

北海道大学出版会

価格は税別